一本书明白

簇生朝天椒

生产及产业化技术

袁俊水　梁新安
申爱民　马文全　主　编

中原农民出版社
·郑州·

图书在版编目(CIP)数据

一本书明白簇生朝天椒生产及产业化技术 / 袁俊水等主编. —郑州：中原农民出版社，2018.11
(新型职业农民书架·种能出彩系列)
ISBN 978－7－5542－1909－6

Ⅰ. ①一… Ⅱ. ①袁… Ⅲ. ①辣椒－蔬菜园艺 Ⅳ. ①S641.3

中国版本图书馆 CIP 数据核字(2018)第 256302 号

主　编

袁俊水　梁新安　申爱民　马文全

副主编(排名不分先后)

王传福　姜国霞　任福森　郭晋太　梁芳芳　李克典
梁圣献　梁圣任　梁圣尊　杨金兰　张新岭　李振江
朱伟岭　高俊山　于庆有　韩其昌　曹亚青

参　编(排名不分先后)

陈建华　张焕丽　张　冰　双　红　许海生　陈昊放
梁卜允　孙朝霞　高　坡　刘松涛　韩培峰　董双保
张聚群　齐卫强　程鸿恩

出版社：中原农民出版社　　**官网**：www.zynm.com
地址：郑州市经五路 66 号　　**邮政编码**：450002
办公电话：0371－65751257　　**购书电话**：0371－65724566

编辑部投稿信箱：djj65388962@163.com　895838186@qq.com
策划编辑联系电话：13937196613　0371－65788676
交流 QQ：895838186

发行单位：全国新华书店
承印单位：河南承创印务有限公司

开本：787mm×1092mm　1/16
印张：7.25
字数：118 千字
版次：2019 年 1 月第 1 版　　**印次**：2019 年 1 月第 1 次印刷

书号：ISBN 978－7－5542－1909－6　　**定价**：39.90 元

前　言

簇生朝天椒是茄科辣椒属植物，富含维生素 C、辣椒素等营养物质，既可鲜食，又可作为干辣椒加工使用。因其辣度高，易干制，被广泛应用于医药、食品和军事等领域，在国际市场上享有盛誉。在我国的辣椒栽培中，簇生朝天椒的种植面积逐年上升。河南省是我国簇生朝天椒最大生产省，种植面积已达 200 多万亩(1 亩 =1/15 公顷)。

随着簇生朝天椒生产规模化、专业化、集约化程度的不断提高，品种杂乱、栽培方式落后、病虫害严重等问题日益突出，严重制约了簇生朝天椒产业的良性发展。针对簇生朝天椒产业化发展中存在的问题，本书论述了河南省簇生朝天椒产业发展现状与前瞻，详细介绍了簇生朝天椒优良品种、育苗技术、生产技术、采收及采后处理技术、病虫害防治技术、加工技术、良种繁育技术、产业化开发等。

本书是在参阅了大量相关文献资料的基础上，结合生产实践编写而成，在本书出版之际，特向文献资料的作者们表示衷心的感谢！同时，本书也得到了河南省粮源农业发展有限公司和河南鼎优农业科技发展有限公司的大力支持。

河南省粮源农业发展有限公司是一家集农业科研开发、种子繁育与生产销售、农业科技服务、农产品购销冷藏为一体的现代农业科技型企业。该公司联合河南红绿辣椒种业有限公司、河南农业职业学院主持并成功申报了河南省重大科技专项“簇生朝天椒杂交优势利用及高效技术集成和产业化开发”(项目编号:151100110400),同时与省内外多家科研院所、高校组建了河南省辣椒产业技术创新平台,有效地整合了省内外簇生朝天椒种质资源,为簇生朝天椒产业技术的整体提升搭建了支撑平台,是引领簇生朝天椒产业快速、高效、持续发展的“火车头”。

河南鼎优农业科技有限公司是河南省目前唯一具有蔬菜种子进口权的育繁推一体化企业,有自建科研基地 3 000 亩(其中长葛 2 000 亩,新疆 500 亩,甘肃 400 亩,海南 100 亩),生产基地 30 000 余亩。2011 年成立长葛市鼎诺种植专业合作社,流转并托管万余亩土地,成为省级优秀示范社、河南省种粮大户;2016 年 2 月成立郑州博鼎农业科技开发有限公司,同年 4 月牵头成立河南泽熙农作物联合体,9 月成立长葛鼎研泽田农业科技开发有限公司及河南鼎沃农业科技有限公司。

支持本书编写、出版的单位还有河南农业职业学院、河南中澳种苗科技有限公司、河南省奥农种业有限公司、河南省椒都种业有限公司、河南省北科种业有限公司,在此一并致谢!

由于本书涉及的内容广,编写时间紧,加之编写人员水平有限,书中错误和疏漏之处在所难免,敬请广大读者、同行批评指正。

编著者

目 录

一、簇生朝天椒产业发展现状与前瞻

本部分主要介绍簇生朝天椒的概念及用途，种植现状，生产的特点，品种引进与选育，产业发展存在的问题，产业发展方向，轻简化生产及轻简化生产措施等内容。

1. 什么是簇生朝天椒？簇生朝天椒的用途有哪些？

辣椒为茄科辣椒属一年生或多年生半木质性植物，常作一年生栽培。朝天椒是对椒果朝天（朝上或斜朝上）生长的一类辣椒的统称，是按果实着生状态分类的。朝天椒又分簇生朝天椒和单生朝天椒2种，簇生朝天椒是朝天椒的一种类型。

簇生朝天椒属于有限生长类型即自封顶类型。生产上种植的簇生朝天椒，株高30～60厘米，分枝多，茎直立，单叶互生，花白色，果实簇生于枝顶。

朝天椒（簇生和单生）的特点是椒果小，辣度高，易干制，主要作为干椒利用，与羊角椒、线椒构成我国三大干椒。

簇生朝天椒的用途非常广泛，作为鲜食用时，可在椒果未红熟或者完全红熟时直接食用。用于加工食品时，有初级加工和半成品加工，通过干制、油制、腌制、制酱等方法加工成辣椒干、辣椒酱、辣椒油、泡辣椒等。椒果中含有辣椒素（辣椒碱、二氢辣椒碱等）和辣椒色素（辣椒红素、辣椒玉红素、β－胡萝卜素）等物质，簇生朝天椒的深加工、精加工产品主要是在食品、医药、保健等行业中应用。辣椒碱及粗纤维，可以促进胃液分泌，有促进食欲、改善消化的作用；辣椒素有扩张血管，促进血液循环，降低胆固醇，防止血栓形成，以及抗癌、减肥等功效，还可用于治疗风湿病、皮肤病等疾病。辣椒红素、辣椒玉红素，既有营养保健功能，也是对人体有益的天然植物色素。特别是辣椒红素，色泽鲜艳，着色力强，稳定性好，具有天然、无毒无害、无任何气味的优越性，显色强度是其他色素的10倍，是目前国际上公认的最好的红色素，已被联合国粮食及农业组织、世界卫生组织、欧洲联盟以及日本等审定为无限性使用的天然食品添加剂。

2. 簇生朝天椒的种植现状如何？

目前世界辣椒种植面积约5 500万亩，产量约3 700万吨，是世界上种植面积最大的调味料作物。全世界以干制为目的的辣椒，种植总面积3 000万亩，总产量279万吨，其中印度产量为125万吨，约占世界的44.6%，我国产量为25万吨，约占9%；鲜椒生产我国1 402.63万吨，约占世界的50%，印度占4.13%。我国和印度在辣椒种植面积及产量上分别居世界第一位、第二位。

我国辣椒种植面积2 200万亩，仅次于白菜类蔬菜，占世界辣椒种植面积的35%；辣椒总产量2 800万吨，占世界辣椒总产量46%；经济总产值700亿元。辣椒已成为我国许多省、市、县的主要经济支柱作物。

我国以干制为目的辣椒主要产区是河北望都、山东青州（又称益都）、湖南邵阳、陕西西安、四川成都、内蒙古赤峰等地。河北望都、四川成都、山东青州称为干椒“三都”，但主要以线椒、羊角椒为主，簇生朝天椒很少。

目前国内簇生朝天椒生产，以河南、河北栽培面积最大，山东、山西、江西、陕西、天津、安徽、山东、内蒙古、贵州、四川、湖南、新疆等地也有栽培。

河南省原来基本不产簇生朝天椒，1976年簇生朝天椒品种日本枥木三樱椒被引入柘城种植，生产的干椒，颜色鲜红、肉厚、辣味浓、油分大，深受中外客商的欢迎。此后簇生朝天椒生产在河南省发展很快。2001年以来全省种植面积每年都在200万亩以上，主要分布在漯河市临颍县，商丘市柘城县、永城市、民权县，安阳市内黄县，濮阳市清丰县，开封市杞县、尉氏县、通许县，周口市扶沟县、太康县，洛阳市新安县，南阳市邓州市、淅川县、方城县等。

河北省主产区为衡水市冀州区、枣强县、故城县、景县，保定市望都县，沧州市献县，邢台市平乡县等。天津市主产区为宝坻区、静海区等；安徽省主产区为亳州市、淮南市等；山西省主产区为运城市、临汾市等；山东省主产区为曹县、鱼台县、金乡县、武城县、胶州市等。

2016年8月，由河南省粮源农业发展有限公司牵头成立的漯河市辣椒产业技术创新战略联盟，在河南省种子管理站的指导下，对河南省朝天椒种植面积、品种、种植方式、产量水平进行了初步统计，河南省簇生朝天椒种植面积达到224万亩，居全国第一位，占河南省秋作物种植面积的1.8%，种植方式以套种为主，干椒亩产360千克左右。种植品种主要为三樱椒、子弹头、新一代、杂交品种（望天红系列、天宇系列等）。其中，三樱椒系列种植面积最大，为145.6万亩，占总面积的65%；新一代种植面积为33.6万亩，占总面积的15%；子弹头种植面积为26.8万亩，占总面积的12%；杂交品种（望天红系列、天宇系列等）种植面积4.48万亩，占总面积的2%；其他种植面积为13.44万亩，占总面积6%。

近年来，河南省簇生朝天椒规模化生产基地已经形成，由于当地加工龙头企业强力推动，带动了产业基地的发展，形成了“小辣椒、大产业”的产业格局。

3. 簇生朝天椒生产的特点有哪些？

多年来，种植簇生朝天椒的经济效益与传统粮食生产相比较要高很多，因此带动干辣椒产业不断发展。

1）投资少，用工少　每种一亩簇生朝天椒投资为300～400元，与大多数经济作物比较，投资少得多，与一般粮食作物比较，投资也比较少，对于大多数资金不足的农民来说，种植簇生朝天椒无疑是他们脱贫致富的理想途径。种植簇生朝天椒省工，除育苗、移栽、收摘、晾晒用工较多外，田间管理只需药物除草2～3次，喷药防治病虫2～3次，不需要更多投工。种植簇生朝天椒比种植其他蔬菜及瓜果、烟叶、棉花等投工少得多。在土地面积较大、劳动力比较紧张及复种指数较高的地区最适宜发展簇生朝天椒。

2）生产技术简单　种植簇生朝天椒除育苗技术比较复杂外，其他技术都比较简单，只需要经过几小时的培训，农民便可掌握其关键技术，家家都能种，人人都会种。即使是文化程度较低、技术基础较差的农民，也可在科技示范户的带动下大面积栽培。

3）周期短，见效快　簇生朝天椒的生长期只有8个月，春季播种，秋季收获，属“短、平、快”的项目。正是由于簇生朝天椒生长周期短，见效快，可以根据市场变化随时调整种植规模。

4）适应性强，效益好　簇生朝天椒适应性强，易种好管。相对而言，簇生朝天椒比较耐旱、稳产。春茬、夏茬、间作套种等多种模式均可以采用，即便是与幼龄果树及桐树间作，也可以获得较高的效益。平原、沙滩、山坡、丘陵、旱地不同地形及沙土、淤土、两合土不同土质都能种植，因此种植簇生朝天椒深受农民群众的欢迎。在广大椒农中有着这样的顺口溜：“朝天椒，香又辣，好种又好管，谁种谁能发。”“种植一亩辣，有吃有钱花；种植二亩辣，当年能发家；种植三亩辣，盖楼装电话；种植四亩辣，旅游走天涯。”

5）加工增值，出口创汇　簇生朝天椒便于储存，便于运输，而且可以加工增值。它可直接加工成辣椒粉、辣椒油、麻辣酱等调料，还是加工榨菜、泡菜、酱辣菜丝、盐腌制品的重要原料。此外，深加工后可以提取出辣椒色素、辣味素。辣椒色素是化妆品生产和食品生产中最理想的红色颜料。簇生朝天椒还是重要的出口商品，我国生产的簇生朝天椒连年远销日本、美国、德国、韩国、菲律宾、新加坡等国家。

4. 引进的簇生朝天椒品种有哪些？我国簇生朝天椒品种选育情况如何？

栃木三樱椒是日本栃木县培育的干椒品种，曾因产量高、品质好，20 世纪 40～50 年代在日本广泛种植。1976 年河南省、天津市首次从日本栃木县引进三樱椒，天津定名为天鹰椒，1987 年通过天津市农作物品种审定委员会认定，河南定名为日本三樱椒。日本三樱椒也有农民称为望天椒、朝天红、冲天辣、小辣椒、天鹰椒，外贸收购经营时又称河南小椒。在江苏省被称为山鹰椒，在广西多称为指天椒。

以后我国又陆续从日本、韩国、美国引进了数个簇生朝天椒品种。簇生朝天椒种植主要分为三樱椒、子弹头两个系列。三樱椒类型品种主要有日本三樱椒及其利用其材料培育的品种豫选三樱椒、大角三樱椒、新一代三樱椒、天宇 3 号（从韩国引进）、天宇 5 号（从韩国引进）、绿宝天仙（从美国引进）、圣尼斯朝天椒（从美国引进）等。子弹头系列品种主要有高棵簇生子弹头、矮棵簇生子弹头。

目前，在簇生朝天椒品种利用研究上，日本、韩国处于领先地位。我国簇生朝天椒经过 40 余年的栽培，选育出了一些具有特色的地方品种，如河南的子弹头、三樱椒 6 号、三樱椒 8 号、红太阳以及新一代等。簇生朝天椒育种上杂交优势利用及杂优一代新品种选育起步较晚，生产上主要使用的是常规品种，韩国在雄性不育三系和两用系研究与利用方面非常出色，干椒育种水平高，95% 以上的品种是利用雄性不育系育成，其抗病性、耐热性及露地适应性较强，而且干椒的品质好、色泽好。20 世纪末由韩国兴农种子公司育成的簇生朝天椒杂交种天宇 3 号在我国开始推广销售，该品种长势强健、抗性好、辣味浓，但其果实不易自然干制，而且花皮率高，只能烘干或作鲜椒使用。因此十多年来，该品种占我国簇生朝天椒栽培面积的比例一直在 2% 左右。韩国其他种子公司育成的簇生朝天椒杂交种基本上均不易自然干制，且品种的数量也很少。

国内也已开展簇生朝天椒雄性不育杂交育种研究，比较突出的是河南红绿辣椒种业有限公司、河南豫源种业科技有限公司、湖南省农业科学院蔬菜研究所、四川省川椒种业科技有限责任公司等科研单位、种子公司。河南红绿辣椒种业有限公司在国内首次利用辣椒细胞核雄性不育基因育成了簇生朝天椒一代杂交品种望天红一号，并取得植物新品种权证书，“辣椒功能性雄性不育制种方法”获得国家发明专利。望天红一号的育成，填补了生产上没有国产当家簇生朝天椒杂交品种的空白，打破了多年来外国种子公司在中国杂交簇生朝天椒市场上的垄断局面。该公司利用辣椒细胞核雄性不育基因还育成了簇生朝天椒一代杂交品种望天红二号，同样取得了植物新品种权证书。该公司在细胞质雄性不育基因利用方面也取得了突破性进展，已成功实现三系配套，育成了三系杂交簇生朝天椒新品种望天红三号，并已在生产上大面积推广。

5. 簇生朝天椒产业发展存在的问题有哪些？

20 世纪 90 年代以来，我国辣椒产业发展迅速，辣椒产量占世界产量的近 50%。簇生朝天椒产业同样发展迅速，但存在着数量和规模扩张突出，而质量和效益不高的问题，簇生朝天椒产业发展滞后。

1）*簇生朝天椒新品种选育技术难以满足产业发展的需要*　我国最初引进簇生朝天椒，主要是从日本、韩国引进一些常规品种。20 多年来，生产上仍然是品种结构单一，常规品种多，杂交品种少，尤其缺少脱水快，易干制，抗倒伏，高辣椒红素含量的加工型簇生朝天椒新品种。良种繁育体系不健全，连续种植多年，重茬严重，品种混杂，退化严重，造成簇生朝天椒内在品质有所下降，病虫害大面积发生流行。同时市场上，簇生朝天椒品种多、乱、杂，同种异名、异种同名现象突出。簇生朝天椒种子产业化经营水平低，种子公司虽然数以百计，但经营规模小，年销售额大约 5 000 万元的寥寥无几。簇生朝天椒育种研究不受重视，专业从事簇生朝天椒育种的研究人员匮乏，育种技术落后，现代生物技术研究开展利用少，杂种优势利用主要是双亲杂交为主，辣椒雄性不育利用的研究工作开展较少，核不育型和胞质不育型的研究起步较晚，成果不多。

2）*生产技术落后*　国内簇生朝天椒生产技术落后，管理粗放，投入不足，机械化、标准化程度较低，导致簇生朝天椒单产低、品质差。目前，生产上缺乏簇生朝天椒专用肥料，许多地区没有按照簇生朝天椒的需肥规律施肥，只重视氮肥使用，而忽视磷、钾元素等肥料。对主要簇生朝天椒病虫害的发生规律认识不清，防治措施不配套，综合防治水平低。在簇生朝天椒主产区，由于栽培面积不断扩大，轮作倒茬困难，导致簇生朝天椒病虫害逐年加重，直接影响了簇生朝天椒的产量和效益。同时人工成本逐年提高，簇生朝天椒种植效益波动较大。

3）簇生朝天椒加工产业链不长，水平较低　虽然目前从事簇生朝天椒加工的企业较多，但受技术和资金等因素影响，大多从事初级产品加工，在深加工方面还很薄弱。深加工滞后，既影响了簇生朝天椒产业效益的提高，又阻碍了基地规模的进一步发展壮大。

4）加工企业数量多，规模小，经济实力弱　目前簇生朝天椒加工以小企业为主，企业小而多，牌子杂而乱，且加工设施简陋，设备落后，加工技术与工艺原始，加工能力不足。加工企业缺乏现代管理制度，产品缺乏国家标准，标准化程度低，在管理上散兵游勇各自为政，在市场上产品互相模仿，包装雷同，采取价格战，无序化恶性竞争。这种状况直接导致我国簇生朝天椒加工企业标准化和品牌化水平低，难以形成具有较大影响力和较高知名度的加工产品品牌，缺乏市场竞争力。

5）簇生朝天椒产业发展的市场开拓不足　市场体系建设跟不上产业快速发展的需要，目前我国已建成若干个年吞吐量3万吨的辣椒专业批发市场，但与每年近3 000万吨的干鲜辣椒产量相比，市场建设明显不足，市场覆盖面仍然较低，不少地方簇生朝天椒交易不便的问题依然突出。市场信息网络建设之后，管理较为粗放，市场服务系统不完善，服务功能不健全。簇生朝天椒生产与市场之间缺乏有效衔接，导致产业发展中的效益年际间波动较大，影响了簇生朝天椒产业的健康发展。

6. 簇生朝天椒产业发展方向有哪些?

簇生朝天椒因适应性广、营养丰富、耐储运、用途广、适宜规模化生产加工、利用广泛而受到世界各地的高度重视，是一种具有良好发展前景的经济作物。随着加工企业的强力介入，产业链逐步拉长，簇生朝天椒发展前景看好，潜力巨大。

根据近年来簇生朝天椒产业发展情况，未来国内外簇生朝天椒产业发展将呈现出以下几大趋势：一是生产格局将进一步向中国等发展中国家集中；二是发达国家将进一步加大朝天椒深加工产品如辣椒碱、辣椒色素的开发利用力度；三是加工专用型品种种植规模会进一步扩大；四是围绕育种、功能拓展等方面的研究将进一步深入。

1)簇生朝天椒育种会不断创新发展　簇生朝天椒新品种杂交优势利用，是推动簇生朝天椒产业发展，提高产量、质量、效益及市场竞争力的重要措施，杂种一代具有明显的杂种优势，优良杂交组合可以比对照常规品种增产30%～40%，并且具有高产、抗病、优质等特点。

从国内外不同的生产和消费市场需求出发，创新育种目标，加快培育高产、抗病性和抗逆性强、满足不同生态条件和不同熟期要求、不同用途的优质专用型品种，以满足市场的多样化需要，特别是适应辣椒加工业发展的需要，注重培育加工专用型簇生朝天椒新品种。

另外，随着我国簇生朝天椒基地规模化、专业化发展，以及人工成本的大幅上涨，对适宜机械化采收的品种需求越来越迫切。适宜机械化采收的品种，要求果实成熟期一致且大小适中，红椒易脱水，椒皮较厚且有韧性，果柄不易脱落等独特性状。因为机械采收前，需要喷洒脱叶剂使所有叶片脱落，所以要求叶片易脱落但红椒不能脱落。采用机械采收对促进簇生朝天椒产业的全面发展具有重要的现实意义，选育适宜机械化采收的专用品种必将是我国簇生朝天椒重要的育种方向。

我国地方簇生朝天椒品种资源丰富，应加强地方特色优良品种的提纯改良。对特色优良品种提纯复壮，既有利于保护和改良地方特色品种，又有利于推动我国特色辣椒加工业发展。我国簇生朝天椒种业发展将朝着种子生产专业化、种子质量标准化、种子供应商品化等方向发展，种子育、繁、推、销一体化经营将迈上一个新台阶，以适应簇生朝天椒产业不断发展壮大的需要。

2)簇生朝天椒生产基地建设和产品质量安全将进一步加强　随着科学技术的发展和簇生朝天椒生产水平的不断提高，我国簇生朝天椒产业将呈现出区域化布局、规模化生产、社会化流通的发展格局。首先，根据各地资源、气候、生态环境和市场等条件，搞好簇生朝天椒产业区域布局，努力建设好簇生朝天椒产业带或生产基地，生产有特色、高质量、高效益的优势簇生朝天椒产品，进而形成品牌优势。其次，在簇生朝天椒产区，“企业＋基地＋基地合作组织＋农户”等产业化经营模式将逐步完善，企业与农民之间的产销利益关系和连接机制将更加密切，农村辣椒专业合作经济组织和中介协会将进一步发展，簇生朝天椒生产的组织化程度将进一步提高。第三，在簇生朝天椒区域化布局和规模化生产的推动下，针对簇生朝天椒产业发展的一系列质量安全标准和规范化栽培措施，如无公害簇生朝天椒生产标准化体系和质量安全检测体系等将逐步建立起来，生产基地标准化建设水平和产品质量安全水平将进一步提高。

3）深加工将成为我国簇生朝天椒产业发展新的经济增长点　随着辣椒功能的不断拓展和开发，我国辣椒加工业在继续保持簇生朝天椒加工制品领先地位的同时，各簇生朝天椒主产区将立足资源优势，加大对深加工产品，如辣椒色素、辣椒碱和胡萝卜素等的开发利用力度，以满足国内市场日益增长的需求，同时我国深加工产品在国际市场上的份额也将不断提高，并成为促进我国簇生朝天椒产业发展新的经济增长点。在这一过程中，为适应国际市场发展的需要，提高我国簇生朝天椒产业国际竞争力，簇生朝天椒加工制品和深加工产品等产品质量标准体系将逐步建立，并与国际标准接轨。规模大、效益好、带动力强的加工型产业化龙头企业，将不断成长起来。

4）簇生朝天椒产业的商业化运作将进一步加强　目前我国簇生朝天椒产业的种植方式仍以农户生产为主，由于产、销脱节，农户对市场把握不准，往往导致盲目种植，从而引起簇生朝天椒的市场价格大起大落，给农户带来经济损失，严重影响农户种植的积极性。因此，围绕簇生朝天椒市场开拓信息化建设，借助现代信息技术手段，簇生朝天椒产业的商业化运作将受到各产区的高度重视，即从种植面积的确定、种植过程到收获后的加工，都将逐步融入商业化的运作中，从而搭建“企业＋基地＋农户”的农业产业链，实现产、销对接，有效解决生产中常出现的区域过剩、时段过剩的问题，确保广大农民的利益，调动簇生朝天椒种植户的生产积极性。

7. 为什么簇生朝天椒要进行轻简化生产？

随着农村劳动力大量转移，谁来种地，怎么种地，成了亟待解决的问题。传统簇生朝天椒生产仍需要大量人工，在人力不足、劳动力成本不断上升的情况下，机种、机耕、机收将是农民生产簇生朝天椒的主要方式，种植簇生朝天椒轻简化生产成为未来的发展趋势。

8. 簇生朝天椒轻简化生产措施有哪些？

1)集约化育苗　近年来,机械栽苗技术在簇生朝天椒生产上快速推广,与此相适应集约化育苗势必要快速推广。集约化育苗参见本书第三部分簇生朝天椒育苗技术有关内容。

2)机械移栽

(1)手持辣椒移栽器　手持辣椒移栽器可以用于定植32～128孔穴盘培育的苗子,或其他合适的苗子,不能用于定植大型营养杯培育的苗子。手法熟练后,比用栽铲定植要省工省力。该产品不适合于泥栽和水栽方式下使用,只适合旱地栽种。定植前要将土地耕翻打细,不得含有大块的砖和石子。

(2)秧苗移栽机　秧苗移栽机是多功能、高效率的田间栽苗机械。主要用于茄子、番茄、白菜、甜菜、棉花、辣椒、洋葱、油菜、莴笋、卷心菜、西蓝花、黄瓜、芋头、马铃薯、花生和玉米等作物的移栽作业，既能在覆膜前移栽，也能在覆膜后移栽。机械移栽技术目前已逐步成熟，随着土地流转，簇生朝天椒规模化生产，机械移栽将会得到快速推广。

3)水肥一体化

(1)概念　水肥一体化就是通过管状灌溉系统浇水、施肥,是将肥料溶液注入灌溉输水管道而实现的。溶有肥料的灌溉水,通过灌水器(喷头、微喷头和滴头等),将肥液喷洒到作物上或滴入根区。作物在吸收水分的同时吸收养分。

(2)优点　水肥一体化显著提高了水和肥料的利用率,与常规灌水施肥相比,可节省水和肥料用量50%以上。大量节省生产成本，同时比传统施肥方法节省90%以上人工。可灵活、方便、准确地控制施肥时间和数量；显著地增加产量和提高品质，增强作物抵御不良天气的能力；可利用边际土壤种植作物，如沙地、高山陡坡地、轻度盐碱地等；有利于实现标准化生产；由于水肥的协调作用，可以显著减少水的用量。

滴灌施肥可以减少病害的传播，特别是随水传播的病害，如枯萎病、疫病、根腐病等。因为滴灌是单株灌溉的，滴灌时水分向土壤入渗，地面相对干燥，降低了株行间湿度，发病也会显著减轻。滴灌施肥只湿润根层，行间没有水肥供应，杂草生长也会显著减少。滴灌可以滴入农药，对土壤害虫、线虫、根部病害有较好的防治作用。滴灌施肥下，由于精确的水肥供应，作物生长速度快，可以提前进入结果期或早采收。

4）机械收割　目前，簇生朝天椒的收获大都是先把成熟的椒棵收割后，在地里晾晒干，再运到家里把椒果摘下来，其收割大都是人工收割，劳动强度大，生产效率低。

针对生产上的这一问题，现在已开始利用收割机对簇生朝天椒进行椒棵收割。如河南省粮源农业发展有限公司发明了手推小辣椒收割机，并获得国家知识产权局实用新型专利授权。该机械工作时，由操作人员手推收割机到成熟的椒棵的一侧，启动汽油机，汽油机的动力轴带动切割片旋转，随着手推小辣椒收割机前进，旋转的切割片将椒棵的根部切断并使其倒向一侧，实现对椒棵的快速收割。其结构简单，使用方便，劳动强度小，提高了生产效率。

5）机械采摘　传统椒果采摘都是利用人工，需要较多的人工和时间，成本高。利用机械采摘簇生朝天椒，每亩费用只需400元，如果采用人工采摘每亩则需投入人工费用1 000元左右，而且人工采摘每天只能采摘0.2亩左右，机采作业每天可采摘120亩左右，所以，机械采摘不仅可以每亩节约收获费用600元，而且还可以有效解决劳动力紧张的问题，有效减轻农民的劳动强度。

6）机械施药　传统的簇生朝天椒病虫害防治手段基本以人工施药为主，但是这种方式效率低下，而且植株受药面积不均匀，容易出现漏施、重施的现象。目前，在大型簇生朝天椒生产基地已开始采用新型农业机械，如喷药机、飞机飞防、植保无人机等进行施药作业，效率极大提升。如，一架植保无人机一天可以作业300亩，确保能够及时进行病虫害防治,同时克服了丘陵等地形不便于人工操作的困难,而且喷洒作业人员避免了接触农药的危险,提高了喷洒作业安全性。

二、簇生朝天椒优良品种

本部分主要介绍优良簇生朝天椒品种应具备的优点以及40多个优良品种，供广大椒农种植时参考。

9. 优良簇生朝天椒品种应具备哪些优点?

优良的簇生朝天椒品种应具备以下优点:果皮肉厚、籽多、果肉含水量少、干椒率高,适合加工;果色深红、辣椒素及营养成分含量高,品质优良;株型紧凑,结果多且部位集中,高产稳产;抗逆性强,适应性好;便于机械化栽培,易管理,易储运。

10. 簇生朝天椒优良品种有哪些?

1)望天红一号　河南红绿辣椒种业有限公司于2005年育成,是国内第一个获得植物新品种权的一代杂交簇生朝天椒品种,植物新品种权号CNA20070486.9。株高74厘米,株幅45厘米,始花节位19~20节,早中熟。果实纵径5.0~6.0厘米,横径0.8~1.2厘米,单果鲜重2.5~3.5克,辣味浓,宜干制。干椒紫红色,果面光亮。坐果习性为6~8个簇生,单株坐果140个左右,亩产鲜椒1 500~2 000千克,干椒350千克以上。该品种抗病力强,丰产、稳产性好,比一般常规品种增产20%~30%。

2)望天红二号　河南红绿辣椒种业有限公司于2010年育成的一代杂交簇生朝天椒品种,植物新品种权号CNA20120776.4。株高70厘米左右,株幅45厘米左右,始花节位20节上下,早中熟。果实长圆锥形,纵径5.0~7.0厘米,横径1.0~1.2厘米,单果鲜重3~4克,味辣。干椒紫红色,光泽度好。椒果簇生性强,易采摘,亩产干椒350~450千克。该品种自然晾晒脱水较慢,适宜烘干。

3)望天红三号　河南红绿辣椒种业有限公司选育的一代杂交簇生朝天椒品种。植株生长势强,株高70~80厘米,株幅40~45厘米,始花节位20~21节,中早熟。每簇结果10~20个,果实纵径5.0~7.0厘米,横径1.0~1.2厘米,单果鲜重3克左右,味辣,果形美。该品种抗病性强,丰产、稳产,亩产干椒350~500千克,高产者可达500千克以上。果实自然脱水性中等,适宜烘干。

4)高辣一号　河南红绿辣椒种业有限公司选育的一代杂交簇生朝天椒品种。植株矮壮,抗倒伏,株高55~60厘米,株幅40~45厘米,早熟。果实纵径7.0~11.0厘米,横径1.0~1.4厘米,单果鲜重4.0~4.5克,高辣。抗逆性强,簇生性强,易采摘,适宜一次性采收。果实自然脱水慢,必须烘干。亩产干椒350～400千克。该品种高辣,果大,适合辣味原料基地及嗜辣地区种植。

5)红杂135　河南红绿辣椒种业有限公司选育的一代杂交簇生朝天椒品种。株高95～100厘米,株幅40～45厘米,中早熟。果实朝上半簇生,纵径5.5～7.0厘米,横径1.1～1.3厘米,单果鲜重3克左右。易自然晒干,花皮少,果色亮,辣度2万SHU(辣度单位),香味浓,亩产干椒350～450千克。

6)红杂136　河南红绿辣椒种业有限公司选育的一代杂交簇生朝天椒品种。株高80～90厘米,株幅40～45厘米,中早熟。果实朝上簇生,纵径5.0～6.0厘米,横径0.9～1.0厘米,单果鲜重3.2克左右,中辣。该品种椒形饱满红亮,自然风干性中等,适宜一次性采收。丰产性好,亩产干椒400～500千克。

7)地中皇1号　河南省粮源农业发展有限公司选育的一代杂交簇生朝天椒品种。株型半紧凑,平均株高72.4厘米,平均株幅61.5厘米。叶色绿,平均有效分枝8.7个,平均单株结果数138.7个。植株中部果实平均纵径6.3厘米,平均横径1.1厘米,平均果皮厚0.15厘米,平均单果鲜重3.13克。青熟果色淡绿,红熟果色深红。辣味浓,经近2年各地测定,辣度在3.5万～3.8万SHU。椒果易采收,易晾晒。高抗病毒病、疫病,中抗炭疽病、日灼病。近2年各产地平均亩产干椒546.4千克,比对照红地豪增产26.4%。最佳种植密度为7 000株/亩。

8)粮源极辣A1　河南省粮源农业发展有限公司选育的一代杂交簇生朝天椒品种。株型半紧凑,平均株高68～72厘米,平均株幅55～60厘米。叶片绿色,平均有效分枝6～8个,平均单株结果115.8个。植株中部果实平均纵径6.1厘米,平均横径1.0厘米,平均果皮厚0.1厘米,平均单果鲜重3.1克。青熟果色淡绿,红熟果色深红。辣度高,近3年多地测定辣度,平均3.8万SHU,比各地大面积种植的常规高辣品种辣度都高。椒果易晾晒,易采收,干椒果形瘦长,很受市场欢迎。高抗疫病,中抗病毒病、炭疽病,抗日灼病。在各产地近年平均亩产干椒424.1千克,比对照新一代增产17.2%。最佳种植密度8 000株/亩。

9)粮源辣2号　河南省粮源农业发展有限公司选育的簇生朝天椒品种。株型半紧凑，平均株高71.4厘米，平均株幅51.5厘米，中早熟。叶片深绿宽大，平均有效分枝6.5个，平均单株结果84.2个。植株中部果实平均纵径7.2厘米，平均横径1.3厘米，平均果皮厚0.13厘米，平均单果鲜重3.89克。青熟果色深绿，红熟果色深红，辣度极高。易采摘，易晾晒，皮薄，精品椒出成率高。近3年各地平均亩产干椒367.7千克。最佳种植密度8 500株/亩。

10）红地豪　河南省粮源农业发展有限公司选育的簇生朝天椒品种。株型紧凑，平均株高77.6厘米，平均株幅57.2厘米。叶片深绿，平均有效分枝7.6个，平均单株结果75.6个。植株中部果实平均纵径6.6厘米，平均横径1.2厘米，平均果皮厚0.2厘米，平均单果鲜重4.15克。椒果大，青熟果色深绿，红熟果色深红。易晾晒，易采收，干椒光泽度极强。中抗病毒病、疫病，抗炭疽病、日灼病。在河南临颍、柘城，山东金乡等地平均亩产干椒457.1千克，比对照三樱椒8号增产12.6%。最佳种植密度10 000株/亩。

11）帅先红　河南省粮源农业发展有限公司选育的簇生朝天椒品种。株型半紧凑，平均株高62.5厘米，平均株幅56.8厘米，中早熟，较对照三樱椒8号可提早上市12天左右。叶片深绿，平均有效分枝5.5个，平均单株结果90.2个。植株中部果实平均纵径6.5厘米，平均横径1.2厘米，平均果皮厚0.2厘米，平均单果鲜重3.87克。青熟果色绿，红熟果色深红。高抗病毒病，中抗疫病、炭疽病、日灼病。各产地平均亩产干椒429.3千克。椒果大，易采收，易晾晒。最佳种植密度为9 500株/亩。

12）粮源椒8号　河南省粮源农业发展有限公司选育的簇生朝天椒品种。株型半紧凑，平均株高66.8厘米，平均株幅56.4厘米，中早熟。叶色深绿，平均有效分枝6.2个，平均单株结果118.3个。植株中部果实平均纵径6.1厘米，平均横径1.1厘米，平均果皮厚0.1厘米，平均单果鲜重3.14克。青熟果色绿，红熟果色深红。中抗病毒病，中抗疫病、炭疽病，耐日灼病。椒果大小适中，易采收，易晾晒。各产地平均亩产干椒442.7千克。最佳种植密度为10 000株/亩。

13）粮源子弹头　河南省粮源农业发展有限公司选育的簇生朝天椒品种。株型半紧凑，平均株高71.5厘米，平均株幅61.3厘米。叶片深绿，平均有效分枝6.2个，平均单株结果113.2个。植株中部果实平均纵径4.6厘米，平均横径1.3厘米，平均果皮厚0.2厘米,平均单果鲜重 2.84 克。青熟果色浅绿,红熟果色深红。高抗病毒病、疫病,中抗炭疽病、日灼病。椒果集中易采收,易晾晒,皮厚籽多,椒型小巧,深受市场欢迎。各产地平均亩产干椒 410.7 千克。最佳种植密度 8 000 株/亩。

14)绿地豪　河南省粮源农业发展有限公司选育的簇生朝天椒品种。株型半紧凑,平均株高 68.2 厘米,平均株幅 57.4 厘米,早熟,比对照三樱椒 8 号早熟 7~10 天。叶片深绿,平均有效分枝 6.2 个,平均单株结果 93.4 个。植株中部果实平均纵径 6.4 厘米,平均横径 1.1 厘米,平均果皮厚 0.1 厘米,平均单果鲜重 2.89 克。青熟果色深绿,红熟果色深红。高抗疫病,中抗病毒病、炭疽病、日灼病。椒果比较大,易采摘,易晾晒,干椒出精品的比例高。近 3 年各产地平均亩产干椒 360.8 千克,比对照三樱椒 8 号增产 10.5%。最佳种植密度为10 000株/亩。

15)中原一品红　河南省粮源农业发展有限公司选育的簇生朝天椒品种。株型半紧凑,平均株高 64.7 厘米,平均株幅 51.4 厘米。叶片深绿厚重,平均有效分枝 4.8 个,分枝极为粗壮,平均单株结果 84.7 个。植株中部果实平均纵径 6.6 厘米,平均横径 1.2 厘米,平均果皮厚 0.2 厘米,平均单果鲜重 3.75 克。青熟果色绿,红熟果色深红,辣度比普通三樱椒高。中抗病毒病,高抗疫病、炭疽病、日灼病。椒果大,易采收,易晾晒,花皮少。近 2 年各产地平均亩产干椒 404.5 千克,比对照三樱椒 8 号增产 15.1%。最佳种植密度为10 000株/亩。

16)安椒早辣一号　安阳市农业科学院选育的簇生朝天椒品种,从新一代天然杂交后代中选育而成。平均株高 76.5 厘米,平均株幅 55.3 厘米。叶片中等大小,色绿,平均有效分枝 4.8 个,分枝偏弱,平均单株坐果 101 个,早熟。平均果长 5~5.5 厘米,平均果实横径 0.8~1.0 厘米,平均单果鲜重 3.2 克。青熟果绿色,红熟果色深红,果面光滑,转色快而整齐。干椒亮红,商品性好,极辣。较抗病毒病、炭疽病,亩产干椒 300~350 千克。

17)安蔬三樱 10 号　安阳市农业科学院选育的簇生朝天椒品种。平均株高 78.1 厘米,平均株幅 59.8 厘米,叶片大而色深肥厚,平均有效分枝 5.6 个,分枝壮,平均单株坐果 132 个,中早熟。平均果实纵径 6.8 厘米,平均横径 1.3 厘米,果面光滑,椒形美观,果皮厚 0.2 厘米,鲜椒单果重 4.6 克,辣味中等。青熟果绿色,红熟果色深红。该品种生长势强,分枝多，簇生性强，大果，丰产稳产，适合机械化采摘，亩产干椒400~450千克。抗病毒病、炭疽病，适合早春露地、麦套越夏栽培。

18）星火1号　开封市蔬菜科学研究所选育的一代杂交簇生朝天椒品种。该品种生长势强，长势旺盛，分枝性强，早熟。每簇8~10个果实，果实纵径7.0~8.0厘米，横径1.0厘米左右，果皮厚度适中，椒形好。坐果能力强，成熟一致，利于集中采收。抗病性强，综合效益高，适宜作干椒生产。丰产稳产，亩产干椒500千克左右。

19）星火88　开封市蔬菜科学研究所选育的簇生朝天椒品种。早熟，比常规三樱椒早熟20天左右。每簇8~10个果实，果实纵径7.0~8.0厘米，横径1.0厘米左右，椒形好，高辣。抗病性强，综合效益高，丰产稳产。适宜作干椒生产，可自然晾干无花皮，也可鲜食用。麦套、蒜套生产，可产干椒600千克，适宜大面积种植。

20）椒小红　河南省奥农种业有限公司选育的簇生朝天椒品种。坐果集中。植株矮壮，抗倒伏，侧枝多，株高55~65厘米，株幅40~45厘米，第一花节位14~16节，早熟。单簇坐果15~25个，果实纵径5.5~7.0厘米，横径1.2厘米左右，单果鲜重4~5克，高辣。抗性强，适宜区域广。干物质含量高，宜干制。适宜一次性采收，一般亩产干椒400~600千克。

21）大角八号　河南省奥农种业有限公司选育的簇生朝天椒品种。株高60厘米左右，株幅40~45厘米，第一花节位15~16节，早熟。侧枝多，单簇坐果15~25个。果实纵径6.0~7.0厘米，横径1.2厘米左右，单果鲜重3~4克。抗病性强，适宜区域广。干物质含量高，宜干制。适宜一次性采收，亩产干椒400~600千克。

22）红太阳十号　河南省奥农种业有限公司选育的簇生朝天椒品种。株高55~60厘米，株幅40~45厘米，第一花节位14~15节左右，早熟。果实纵径6.0厘米左右，横径1.0厘米左右，单果鲜重2~3克，果形极佳。抗性较强，适宜区域广。干物质含量高，宜干制，适宜一次性采收，一般亩产干椒350~550千克。

23）平樱椒　平顶山市农业科学院选育的簇生朝天椒品种。平均株高72厘米，平均株幅56厘米，有效分枝11个，单株结果127个，簇生型。果实平均纵径6.9厘米，平均横径1.69厘米，果形指数4.08，平均单果干重1.13克。老熟果红色，味辣，商品性状优良，适宜作干椒种植。抗病毒病、疫病、炭疽病。干椒平均亩产量513.5千克。

24)洛研9号　洛阳农林科学院选育的簇生朝天椒品种。株高65厘米左右,簇生性强,中晚熟。果实纵径4.0~5.0厘米,横径1.0厘米左右,椒面光滑,椒小肉厚。果色深红油亮,香辣味浓,品质优。抗性强,产量高,平均亩产干椒350~400千克,适于河南省春露地、麦套、麦茬栽培。

25)红焰二号　郑州郑研种苗科技有限公司、郑州市蔬菜研究所选育的一代杂交簇生朝天椒品种。株高80厘米左右,株幅60厘米左右,第一花平均着生节位14~15节,中早熟。果实纵经6厘米左右,横径1.12厘米左右,果肉厚0.2厘米左右。果面光滑,老熟果深红色,香辣味浓郁,商品性佳。抗病性强,单株挂果150个左右,一般亩产干椒400~550千克。

26)红焰三号　郑州郑研种苗科技有限公司、郑州市蔬菜研究所选育的一代杂交簇生朝天椒品种。株高65厘米左右,株幅60厘米左右,第一花平均着生节位11~12节,早熟。果实平均纵径7.0厘米,平均横径1.1厘米,果肉厚0.1厘米左右。单株挂果135个左右,一般亩产干椒400~500千克。

27)红焰五号　郑州郑研种苗科技有限公司、郑州市蔬菜研究所选育的一代杂交簇生朝天椒品种。平均株高70~90厘米,平均株幅55~65厘米,生长势中等,第一花平均着生节位15节,中早熟。抗病性、抗逆性较强。果实平均纵径5.6厘米,平均横径0.9厘米,平均果肉厚0.18厘米左右,平均果实干重0.4~0.8克。一般亩产干椒400~500千克。

28)红焰六号　郑州郑研种苗科技有限公司、郑州市蔬菜研究所选育的一代杂交簇生朝天椒品种。平均株高80厘米左右,平均株幅75厘米,第一花平均着生节位14节。果实平均纵径6.0厘米,平均横径0.9厘米,平均果肉厚0.19厘米,平均单果重1.2~1.5克。单株结果135个左右,亩产干椒400~500千克。

29)红焰17号　郑州郑研种苗科技有限公司、郑州市蔬菜研究所选育的一代杂交簇生朝天椒品种。植株生长势强,株高80厘米左右,株幅55厘米左右,早熟品种。平均果实纵径5.0~7.0厘米,平均果实横径0.9厘米左右,单果干重0.6克左右,单株结果100~170个,老熟果红色,辣味浓。亩产干椒400~500千克。

30）鼎鼎红　河南鼎优农业科技发展有限公司选育的簇生朝天椒品种。棵矮，早熟，植株伞形，抗倒伏能力强，抗病。果实纵径6.0～8.0厘米，一般单簇结果在15～25个，椒簇向上，簇大，结果力强。果大、颜色深红、结籽量大。一季不易发嫩头，可减少摘嫩头人工，易晾晒，易采摘。亩产干椒400～500千克。

31）群星　河南鼎优农业科技发展有限公司选育的出口创汇型簇生朝天椒品种。植株长势旺盛，中早熟。连续分枝力强，根基部分枝10个左右，植株上部分枝性更强。一个分枝顶端可结果8～12个，单株结果量大，平均单株结果400个左右。果实纵径5.0～7.0厘米，横径1.0厘米，属小厚叶。果实结籽率高，味辛辣，宜干制，不皱皮，椒形美观，色泽深红发亮。抗病毒病、枯萎病、疫病等辣椒常见病害。该品种熟性较为一致，有利于集中采收。亩产干椒400～500千克，适于全国各地栽培。

32）早杂888　河南省椒都种业有限公司选育的一代杂交早熟大果型簇生朝天椒品种。株高57厘米左右，株幅45厘米左右，单株分枝15个左右，14～16片叶开始着果。单簇结椒25个左右。果实朝天簇生，成熟一致，果实纵径6.0～7.0厘米，横径1.2厘米左右。干鲜两用，椒果深红亮丽，多籽皮厚，易晾晒，味香辣。抗倒伏、抗病、抗重茬。亩产干椒500～600千克，适宜全国椒区推广种植。

33）椒火火　河南省椒都种业有限公司选育的干鲜两用型高辣簇生朝天椒品种。株高60厘米左右，株形呈伞状，单株分枝15个左右，早熟，簇生性强，单簇结椒25个左右。果实纵径6.0厘米左右，横径1.5厘米左右，果尖钝圆，籽多皮厚。易晾晒，干椒深红油亮。一般亩产干椒400～600千克，适于全国椒区推广种植。

34）大果新三樱　河南省椒都种业有限公司选育的干鲜两用型簇生朝天椒品种。株高58厘米，较三樱椒8号早熟20天，单株较三樱椒8号每株多增加侧枝2～3个，每株多结椒20个左右，椒果增长1厘米。椒果朝天簇生，易晾晒，易采摘，椒果颜色深红，光滑，不皱，皮厚，籽多，味香辣。抗倒伏，较抗病。一般亩产干椒400～600千克，适于全国椒区推广。

35）椒都红宇宙　河南省椒都种业有限公司选育的干鲜两用型簇生朝天椒新品种。株高60厘米左右，分枝多，顶端着果，单簇结果20个左右，成熟一致。果实纵径6.5～7.1

厘米,横径 1.2 厘米左右。易晾晒,椒果深红亮丽,皮厚,多籽,味香辣。茎矮坚韧,抗倒伏,较抗病。一般亩产干椒 400 ~ 600 千克。

36)北科 918　河南省北科种业有限公司选育的一代杂交簇生朝天椒品种。株高 60 厘米左右,分枝多,结果多。果实纵径 6.8 厘米左右,横径 1.1 厘米左右,果色鲜红油亮,香辣味浓。椒果籽多,皮厚,可干鲜两用。具有高辣、高产、抗病性强、品质优等特点。

37)辣哈哈　河南省北科种业有限公司选育的一代杂交簇生朝天椒品种。株高 58 厘米左右,果实纵径 6.8 厘米左右,横径 1.2 厘米左右。抽枝多,坐果快,椒果深红油亮,不皱皮,籽多皮厚,易晾晒,易采摘,果形优美,辣度高,可干鲜两用。具有早熟、高产、抗倒伏、抗重茬等优点。

38)北科簇生 819　河南省北科种业有限公司选育的杂交簇生朝天椒品种。植株高大,分枝力强,坐果快,单株连续结果可达 500 个以上。果实纵径 7.0 厘米左右,横径 1.2 厘米左右,单果重 3.6 克左右。果色深红油亮,内外色泽一致,辣味浓,商品性极好。产量高,亩产鲜椒可达 2 500 千克以上。

39)地一辣　河南省北科种业有限公司选育的杂交簇生朝天椒品种。株高 55 厘米左右,叶片肥厚浓绿,坐果快而多,果实横径 6.7 厘米左右,横径 1.1 厘米左右。果色鲜红油亮,香辣味浓,抗病性强,可干鲜两用。

40)天荣　河南华蔬种业有限公司选育的三系杂交簇生朝天椒品种。生长势健壮,株型紧凑,株高 70 厘米,株幅 60 厘米左右,茎秆中粗,枝条稍软,分枝力强。特早熟,始花节位 18 节,坐果率高,每簇结果 20 个以上,最多每簇结果 40 多个;果实纵径 6 厘米,横径 1.0 厘米左右,单果重 2.8 克左右。经农业部农产品检测中心结果,辣度极高,属高辣类型。品质极佳,椒形美,形似新一代。鲜果红色,干椒紫红亮丽,商品价值较高,适宜干鲜两用,烘干、自然晒干均可,脱水快,不花皮,不皱皮,光泽度好。该品种抗病性强,易采摘,产量高,亩产干椒 500 千克以上,比常规品种增产 40%。天荣早熟性好,可提前上市,效益较高,可作麦茬椒栽培。

41)椒歌　河南中澳种苗科技有限公司选育的簇生朝天椒品种。该品种生长势强健,株高 75 厘米,株幅 40 厘米,茎秆粗壮,分枝力强,始花节位 18 节,属早熟品种;株型紧凑,结果较集中，不易抽生二次枝，一次性成熟采摘。每簇结果17个左右，最多可达50个以上，果实纵径7厘米以上，横径1.2厘米以上，单果重5克左右。辣味中等，品质中上，椒形美观，干椒紫红油光发亮。肉厚籽多，品质好，色阶高，烘干或晒干均可，花皮较少，残次果亦少，烂果率低，较抗炭疽病、“三落”（落花、落叶、落果）病，易采摘，产量高，一般亩产450千克，高产可达600千克，比普通品种增产30%。

42）天艳　台湾名田农业科技公司与河南中澳种苗科技有限公司联合选育的三系杂交簇生朝天椒品种。株高75厘米，株幅55厘米，茎秆粗壮，分枝力强，始花节位20节；早熟性好，坐果率高，每簇结果14个左右，果实纵径6.0厘米，横径1.1厘米，单果重3克，幼果青绿色，继而转为橘红色，老熟果亮红色，果实鲜艳，颜色可与艳红类相媲美，故名天艳；自然晒干，干椒亮度好，光滑无皱皮，皮厚油多，适宜作干椒栽培，也可采椒鲜食、制酱、剁椒、腌渍等。天艳较抗炭疽病，可少喷药或几乎不喷药，病害较轻，无花皮，烂果较少，作干椒栽培较佳。

43）裕州红二号　河南豫源种业科技有限公司选育的一代杂交簇生朝天椒品种。早熟，株型半紧凑，生长势较快。果实成熟前绿色，成熟后红色。单果重量约3.5克，果实纵径6厘米左右，果实横径1.1厘米左右，辣味浓。鲜食、加工兼用，适宜河南省露地春夏种植和河南南部麦茬种植。

44）豫源红　河南豫源种业科技有限公司选育的一代杂交簇生朝天椒品种。早熟，株型半紧凑，长势较快，现蕾早。果实成熟前绿色，成熟后红色。单果重量约3克，果实纵径6厘米左右，果实横径1.2厘米左右，辣度高。鲜食、加工兼用，适宜河南省露地春夏种植和河南南部麦茬、蔬菜茬种植。

45）枥木三樱椒　从日本引进的干制簇生朝天椒品种。中晚熟，植株直立紧凑，株高50～65厘米，株幅40～50厘米。花簇生，果丛生，果实朝天生长，果实纵径4.0～6.0厘米，横径1厘米左右，单果干重0.4克左右，成熟果实鲜红色，果皮光滑油亮，辣味浓。耐瘠薄，每株可着生100多个果实，果皮厚，商品性好，一般亩产干椒350千克左右。

46）新一代三樱椒　该品种植株高大，株型松散，一般株高70～90厘米。果皮厚，有光泽，辣味浓，单簇成果13～23个，果实平均纵径5.5厘米左右，平均横径1.2厘米左右，果顶较尖，不带鹰嘴钩，果肩稍细，中间较粗，颜色浅红，辣度较低。抗逆性强。亩产干椒最高可达500千克。

47）高棵簇生子弹头　该品种株型紧凑，生长势较强，株高60～80厘米，株幅60～68厘米。一般每株发生侧枝4～5个，多的可达10个以上，每个侧枝结果8～16个。果实纵径4.0～5.0厘米，横径1.0～1.4厘米，果顶钝圆，果色深红，辣味浓。较抗病毒病、炭疽病、疫病，高抗"三落"病，较抗倒伏，适应性强，增产潜力大。适宜北方椒区进行春椒、麦套椒栽培，春椒一般亩产干椒350千克左右。

48）矮棵簇生子弹头　该品种植株较矮，株型紧凑，株高45～55厘米，每株侧枝4～5个，每个侧枝结果5～20个。该品种优点是以主茎结果为主，结果期相对集中；主茎与侧枝老后进入结果期，红熟期相差不大；生育期较短，成熟早。适宜麦茬椒栽培，可作为制辣椒酱的品种利用。

三、簇生朝天椒育苗技术

本部分主要介绍簇生朝天椒育苗的意义，壮苗标准，传统育苗技术，集约化育苗技术，育苗中经常出现的问题及防治方法等。

11. 簇生朝天椒育苗的意义及壮苗标准是什么?

簇生朝天椒根系再生能力较强,生产上绝大部分采用育苗移栽的方式进行种植。育苗是簇生朝天椒生产的关键环节之一,秧苗质量的优劣直接关系到簇生朝天椒的产量和质量。培育优质壮苗是实现簇生朝天椒早熟、优质、高产、高效的基础。育苗移栽与直播相比具有明显的优势,一是易于培育壮苗,便于管理,容易控制幼苗生长所需环境条件,有利于提高秧苗素质,培育壮苗;二是促使簇生朝天椒提早成熟,提高经济效益;三是可缩短簇生朝天椒在生产田的占地时间,提高土地利用率;四是节省种子,降低生产成本。

簇生朝天椒壮苗标准为:株高 20~25 厘米,具有 10~14 片真叶。茎粗壮,节间短,茎粗 0.3~0.5 厘米,节间长 1.2 厘米左右。叶片完整(包括子叶),肥厚,叶色浓绿,有光泽。根系发达,侧根数量多,根色自然,须根呈白色。椒苗生长整齐一致,无病虫危害。

12. 簇生朝天椒有哪些育苗方法?

在簇生朝天椒育苗方法上,目前主要有传统育苗技术、集约化育苗技术。

1)传统育苗技术　采用床土育苗,具有技术简单,管理方便,单位育苗面积出苗多,对育苗设施要求低,育苗成本低的优点。但床土育苗用种量大,苗床内秧苗密度大,容易徒长,土传病害较严重,出苗时损伤根系,缓苗时间长。因此,在床土育苗过程中,要加强温湿度和水肥管理,注意间苗,把病虫害的综合防治贯穿始终。

茬口安排　春茬簇生朝天椒于 2 月上中旬播种育苗,4 月中下旬定植;麦套、大蒜、油菜茬簇生朝天椒于 3 月上中旬播种育苗,5 月上中旬定植;麦茬簇生朝天椒于 3 月下旬播种育苗,小麦收获后定植。

2)集约化育苗技术　是一种先进的育苗方法,主要采用穴盘进行无土育苗,是以草炭、蛭石、珍珠岩等轻型基质材料为育苗基质,以不同规格的穴盘为育苗容器,采用机械化自动精量播种,机械或人工完成基质的装填、压穴、播种、覆土、镇压和浇水等系列作业,然后在催芽室、温室、拱棚等设施内进行有效的管理,一次培育成苗的现代化育苗体系。

(1)优点　第一,独立一次成苗,减少了分苗、移栽工序对幼苗根系的损伤,同时便于种苗远距离供应与销售；第二，穴盘中每穴内种苗相对独立，既减少了相互间病虫害的传播，又减少了小苗间营养的争夺，根系也能得到充分发育，提高育苗质量；第三，采用人工混配的轻型基质，具有适宜幼苗根系发育的物理特性、化学特性、生物学特性，有利于幼苗整齐、健壮生长；第四，幼苗质量优化，定植无损伤，定植后幼苗缓苗期很短，成活率高，利于早熟丰产；第五，节约用种量，幼苗成苗率比传统的土壤平畦育苗提高20%～50%；第六，针对标准规格的穴盘，已开发出了基质填装－播种流水线作业机械、嫁接机械、移栽机械等，极大地提高了生产效率；第七，穴盘育苗条件下每平方米苗床育苗量可达300～600株，提高了育苗设施的利用率，也相应降低了单位育苗量的设施能量消耗。

（2）茬口安排　春茬簇生朝天椒于2月中下旬播种，4月中下旬定植；麦套、大蒜、油菜茬簇生朝天椒于3月上中旬播种，5月上中旬定植；麦茬簇生朝天椒于3月下旬至4月上旬播种育苗，小麦收获后定植。

13. 传统育苗如何准备苗床？

传统育苗一般采用小拱棚覆盖育苗。选择地势平坦高燥、土壤肥厚、背风向阳、排灌方便，且3年内没有种植过茄科类作物的地块建造苗床。苗床以净宽1.2米左右，长6～10米为宜，过长不易整平，田埂高12～15厘米。每栽植1亩需育苗面积15～20米^2。每亩用种量100～150克。

每平方米苗床施入充分腐熟的有机肥5～8千克，三元复合肥（N－P－K为15－15－15）60克，50%多菌灵可湿性粉剂8～10克，苗床杜绝施用尿素和碳酸氢铵。结合施肥并撒施适量的5%辛硫磷颗粒剂防治地下害虫，然后深翻，耙细，整平。播种前7～10天，在苗床上覆盖透明地膜，并在晚上覆盖草苫，以提高地温。

14. 传统育苗播种前如何进行种子消毒？

采用有包衣剂的种子直接播种即可。未经处理的种子常携带有病原微生物，种子消毒是预防苗期病害的重要措施，常用方法有以下几种。

1）药剂浸种　用100倍福尔马林溶液浸种25分捞出后将种子盖严闷2小时，再用清水冲洗1~2次,无药味时再进行浸种催芽或晾干播种,可防治簇生朝天椒疮痂病、早疫病,对猝倒病、立枯病、炭疽病和灰霉病有防治效果。

2)药剂拌种 用75%敌克松可湿性粉剂拌种,用药量为种子重量的0.3%,可防治立枯病、细菌性叶斑病。

3)热水烫种 可杀灭附在种子表面和潜伏在种子内部的病菌。用50~55℃的热水烫种15分,水量为种子量的5倍,烫种过程要不断搅拌,使种子受热均匀,待水温降至30℃时即可捞出播种,可防治疮痂病、菌核病。

15. 传统育苗如何进行播种?

播种前苗床先浇透水,底墒水层应高出畦面10厘米以上,待水完全下渗后,先撒一层过筛细土,以免泥浆影响种子翻身出土,然后均匀播撒种子,播种可分2次撒播,确保播种均匀。每亩用种100~150克,播后用过筛细土覆盖,覆土厚薄要均匀,以0.7~1厘米为宜。然后覆盖地膜。在苗床上扣宽1.5米、高1.2米以上的小拱棚。

16. 传统育苗如何进行苗床管理?

1)温度管理 苗床温度管理是培育壮苗的关键措施。为了早出苗,出苗整齐,出苗前要保持较高温度。白天35℃以下不放风,夜间小拱棚上覆盖草苫,温度保持在15~18℃。注意观察幼芽出土情况,当50%幼芽出土时,及时揭去地膜。出苗后,白天温度保持在20~25℃,晴天中午注意放风,注意变换风口位置,使苗床各个部位温度保持一致,夜温保持在15℃左右。4月下旬断霜后揭去棚膜。

2)水肥管理 苗床不缺墒不浇水,必须浇水时,可用喷壶洒水,水量以刚刚润湿根部为宜,不可大水漫灌,洒水后注意放风,降低棚内湿度。定植前一般不再追肥。若苗床肥力不足,可叶面喷施0.3%尿素溶液和0.3%磷酸二氢钾溶液。

3)覆土间苗 当秧苗长到2厘米高以上,在床土不缺墒的情况下,可在上午10点,叶片没有露水时,在畦面上覆盖0.5厘米厚的细干土。10~15天后,先浇一次小水,再覆一次0.5厘米厚的细干土,使苗床达到上干下湿的状态,不仅能防止秧苗徒长,还可有效预防猝倒病的发生。间苗一般分2次进行。第一次在子叶充分展开时把稠苗间稀，苗距为1.0～1.5厘米见方，第二次在2～3叶时，苗距为3～4厘米见方，结合间苗要彻底拔除杂草，剔除疙瘩苗、病弱苗。

4）分苗　为了便于培育壮苗，还可以进行分苗，分苗苗床要选地势较高、夏季防涝性较好的地块，最好3年都未种植过茄科类作物，预防土传病害的发生。结合犁地，施入充分腐熟的优质农家肥5～7千克/米^2，生物菌肥150～200克/米^2，50%多菌灵8～10克/米^2。精细整地，畦埂如线，畦面如镜，土细如面。选择晴天下午分苗，分苗株行距8厘米×8厘米。提倡点水分苗。

5）炼苗蹲苗　秧苗长出4片真叶后逐渐放风炼苗，4月下旬至5月上旬去除棚膜，控制水分，促进椒苗健壮生长。蹲苗在出苗后开始，及时通风，保持适宜温度，防止幼苗徒长。

17. 农民专家总结的簇生朝天椒育苗技术"十改"是什么？

1）改播前不晒种为晒种　晒种可提高种子的发芽率和发芽势，还可以杀死种子表面的部分病菌，减少辣椒病害发生的概率。应选晴天将种子放在晒布上均匀摊薄，勤翻，晒3天即可。

2）改不选种子为水选种子　因秕子出苗后苗质较弱，易感病害，发芽分化慢，移栽后成活率较低，分枝少，不利于高产，所以可用水进行选种，选择均匀饱满的辣椒种子以培育壮苗。

3）改种子不包衣、不浸种为药剂处理　种子经过包衣或浸种后，植株根系发达，叶色浓绿，生长健壮。另外，包衣或浸种可有效抑制辣椒苗床病害，如疫病、猝倒病、立枯病、炭疽病等。生产中可用3%苯醚甲环唑悬浮种衣剂1∶500倍包衣或用75%百菌清可湿性粉剂1 000倍液浸种30分。

4）改播前催芽为不催芽　催芽虽然有很多好处，如播后出苗快，椒苗整齐等，但是催芽后的种子在播种时易粘连，不利于稀播、匀播，而且在操作过程中极易造成断芽，增加病菌侵染机会，在播前只浸种不催芽，就会减少病菌侵染机会，有利于防病。

5)改春季整地做苗床为秋季整地做苗床　秋季整地做苗床优于春季,是因为它可以提高秋田土壤熟化效果,增加土壤养分释放能力和保水性,减少辣椒苗期的病虫危害程度,而且苗床不返盐碱,有利于培育壮苗。

6)改小拱棚育苗为中拱棚育苗　中棚育苗利用面积大,便于管理,棚内湿度较小空气循环好,辣椒苗受光好,抗逆性强。

7)改用鸡粪作底肥育苗为优质有机肥作底肥育苗　用鸡粪作底肥育苗时,容易出现烧苗、土传病害及土壤返盐碱现象,而且鸡粪的沤制消毒程序复杂,大多数农民很难做到。而优质有机肥育苗不仅对增肥壮苗,调酸降碱,消除土传病害效果显著,而且使用方便,省工省力。

8)改覆盖无色膜为覆盖蓝色膜　采用蓝色膜覆盖育苗,苗床温度比普通无色膜提高0.5~0.8°C,对培育壮苗十分有利。

9)改密播为匀播　播种量的多少与辣椒苗是否健壮关系极大,盲目增加播量,育出的辣椒苗就会成为“牛毛苗”,成活率低,分枝少,花芽分化晚。匀播能使辣椒苗有适当的营养生长面积,通风透光良好,为辣椒苗的正常发育创造良好环境。

10)改育苗中后期速长为平稳生长　为培育适龄壮苗,必须做到适时育苗,使辣椒苗龄为60天左右,并保持辣椒苗稳健生长,育苗后期不应采取追肥和喷施生长素等促长方法。

18. 集约化育苗如何进行育苗前的准备工作?

1)育苗设施消毒　根据季节不同选用温室、塑料大棚、拱棚等育苗设施。播种前2天,每亩育苗设施用1千克硫黄粉加适量锯末,分8~10处点燃,闭棚24小时进行消毒。

2)穴盘消毒　一般采用72孔穴盘,新穴盘可以直接使用,旧穴盘用福尔马林100倍液浸泡15~20分,覆膜密闭7天后揭开,用清水冲洗干净后使用。

3)基质处理　育苗基质的选择有2种:一种是自配育苗基质,选用腐熟的牛粪、鸡粪、炉渣、菇渣、草炭、珍珠岩、蛭石等,按一定比例配制基质,要求疏松、保肥、保水,营养完全;另一种是直接购买商品基质。

将基质加水搅拌均匀,加水量以用手抓握基质指缝间能渗出水而不滴下为宜(含水量为50%~60%)。用薄膜覆盖保湿闷置1~2小时后使用。

4)种子消毒　参考传统育苗种子消毒有关内容。

19. 集约化育苗如何进行播种?

1)利用全自动播种生产线　"拌料、装盘、压穴、播种、覆盖、喷水"均在播种流水线上自动完成。

2)人工点播　将堆闷好的湿润基质装满穴盘的每个孔穴,用木板刮去多余基质使整个穴盘表面平整,刮平后各个格室应能清晰可见。穴盘错落摆放,避免压实。将装满基质的穴盘压穴,深度为1.0厘米左右,每穴播1粒种子(每盘可靠一侧安排10%孔穴播2粒种子,以备补苗),其上用蛭石覆盖,再次用木板刮平,喷淋水分至穴盘底部渗出水滴为宜。

20. 集约化育苗如何进行催芽?

将播种后的穴盘移至催芽室,可将穴盘错落放置,也可放置在标准催芽架上,控制温度为恒温28℃,空气相对湿度控制在95%左右。当有50%种子拱起基质时完成催芽,将穴盘移出催芽室,摆放到育苗床架上。也可将播种后的苗盘直接摆放到育苗床架上,盖上塑料薄膜、遮阳网,保温保湿遮光催芽。

对于小规模育苗模式,也可催芽后人工播种或干籽直播。

21. 集约化育苗如何进行苗期管理?

1)温度管理　出苗前,保持白天温度28~30℃,夜间15~18℃。苗出齐后,白天温度在22℃左右,夜间13℃左右。幼苗2~3片真叶时,白天温度在28℃左右,夜间17℃左右。4月下旬以后,外界白天气温稳定在25℃以上,夜间气温稳定在15℃以上时可昼夜通风。

2)水肥管理　视天气状况,每天浇水1~2次。灌水时应注意将整个穴盘的基质均匀浇透,不可使基质太干甚至表面结皮,以免下次灌水时水分无法下渗。基质也不可太湿,以免幼苗含水量过高,抗性下降。供水均匀是齐苗的关键,苗床边缘蒸发量大,应适当增加供水量。真叶露心时开始浇灌水溶性复合肥(N－P－K为20－20－20),第一次浓度为0.05%左右,以后逐渐增加浓度至0.2%,每隔1次灌水施1次肥。定植前5~7天要进行炼苗。适当降低基质含水量,并尽量接近定植地环境温度和光照等条件,提高幼苗对定植地的适应性。定植前2天施1次肥,喷施1次75%多菌灵水分散粒剂600倍液,做到带肥带药出圃。

3)间苗、补苗、炼苗　幼苗2叶1心时,将穴盘中的双苗间去1株,补齐没有出齐的苗,保证每穴1株健壮苗。秧苗在移出育苗设施定植前7~10天必须炼苗,要逐渐降温,使设施内的温度逐渐与露地相近,防止幼苗因不适应环境而产生冷害等。另外,幼苗移出育苗温室前2~3天应施肥1次,并喷洒杀虫、杀菌剂,做到带肥、带药出室。

22. 育苗中经常出现的问题有哪些?防治方法是什么?

幼苗质量好坏直接关系到产量的高低,因此对簇生朝天椒育苗中常出现的一些问题有必要分析其原因,采取相应的技术或措施加以管理。

1)出苗不齐

(1)同一苗床同一部位出苗不一致

原因。种子质量差,如成熟度不一致,新陈种子混合播种;种子消毒不彻底而受病菌侵害,都会使种子发芽不齐。

防治方法。播前进行发芽试验,选择发芽势强、发芽率高的种子;种子一定要消毒,不能用带病菌的种子直接播种。

(2)同一苗床不同部位出苗不一致

原因。苗床不平,底水浇得不均匀,湿处先出苗,干处不出苗;受光不均,温度不同,苗床向阳处比背阴处温度高,出苗快;播种后覆土厚薄不一致,厚处生长速度慢,出苗晚;苗床保温条件差,有的地方盖不严,漏风而温度低,影响出苗;棚膜破损,经常漏雨,局部床土过湿,造成低温高湿,不利于出苗;床土未充分腐熟,带有病菌,或有蝼蛄、蛴螬、老鼠等危害,也会出苗不齐。

防治方法。选择地势较高、排水良好、背风朝阳的地块,精耕细作,保持清洁;严格选择并配置好营养土,床土要肥沃疏松;对种子和土壤消毒处理,利用药土保苗,减少病、虫、鼠害;平整苗床,浇足底水;播种均匀,覆土一致,播种后加强管理,使苗床各部位温度、湿度、透气性一致。

2)“戴帽”现象　育苗时,常发生幼苗出土后种皮不脱落、子叶无法伸展的现象,俗称“戴帽”或“顶壳”。

原因。覆土太薄,种皮受压太轻或覆土后未用薄膜、草苫覆盖,底墒不足,覆土容易被晒干而使种皮干燥发硬;幼苗顶鼻后,过早去掉薄膜或草苫,或在晴天中午去掉,使种皮难以脱落。另外,种子质量差,如不成熟的或陈的种子,或受病虫害侵染的种子,也会发生“戴帽”现象。

防治方法。苗床浇透底水,覆土均匀,厚度适当,及时用薄膜或草苫覆盖,保持土壤湿润,使种皮柔软易脱落,若表土过干,可以适当喷洒清水,或薄撒一层较湿润的过筛细土,使土表湿润度和压力增加,帮助子叶脱壳;种子平放,使种壳受到土壤阻力,种皮均匀吸水,子叶就容易从种皮中脱落。对少量“戴帽”苗进行人工挑苗。

3)沤根和烧根

(1)沤根　沤根(烂根)时,根部发锈,严重时根系表皮腐烂,不长新根,幼苗易枯萎。

原因。床土温度过低,湿度过大。

防治方法。合理配置床土,改善育苗条件,保持合适的温度,加强通风换气,控制浇水量,调节湿度,特别是连阴天不要浇水。一旦发生沤根,及时通风排湿,增加蒸发量;勤中耕松土,增加通透性;苗床撒草木灰加3%的熟石灰,或1∶500倍的百菌清干细土,或喷施高效叶面肥等。

(2)烧根　烧根时,根尖发黄,不长新根,但不烂根,地上部分生长缓慢,矮小脆硬,不发棵,叶片小而皱,易形成小老苗。

原因。有机肥未充分腐熟,或与床土未充分过筛拌匀;局部施肥过多,施肥浓度过大;土壤干燥,土温过高。

防治方法。选用充分腐熟的有机肥均匀配制床土,不施用过多化肥,一定要控制施肥浓度,严格按规定使用;浇水要适宜,保持土壤湿润;降低土壤温度;出现烧根现象,适当多浇水,降低施肥浓度,并视苗情增加浇水次数。

4)徒长苗和老化苗

(1)徒长苗　徒长苗,也叫高脚苗,茎细,节间长,叶片稀少,叶薄而大,叶色淡绿,组织柔嫩,根系不发达,抗病力及抗逆性差,光合水平低,定植后缓苗慢,成活率低。

原因。光照不足,夜温过高,氮肥和水分过多;播种密度过大,苗相互拥挤而徒长;苗出齐前后,温度管理不善,床温过高。

防治方法。苗床选择在背风向阳的地方,保持薄膜洁净,提高透光率,增强光照。及时通风,适当降低夜温,严格控制温度,使夜温保持在 15 ~ 18℃。稀播,及时间苗、移苗,防止苗拥挤。氮、磷、钾肥合理配合使用。运用生长抑制剂控制徒长,如喷施2 000 ~ 4 000 毫克/千克的丁酰肼。

(2)老化苗　生长缓慢或停滞,根系老化生锈,茎矮化,节间短,叶片小而厚,叶色深暗无光泽,组织脆硬无弹性,定植后发棵慢、长势弱、产量低。

原因。床土过干,床温过低,苗龄过长,营养不足,水分控制过严,炼苗过度;用育苗钵育苗时,因与地下水隔断,浇水不及时而造成土壤严重缺水,加速秧苗老化。

防治方法。苗龄适宜,推广以温度为支点、控温不控水的育苗技术;蹲苗要适度,低温炼苗时间不能过长,水分供应适宜,浇水后及时通风降湿。发现老化苗,除注意温、湿度正常管理外,可以喷洒 10 ~ 30 毫克/千克的赤霉素,或喷施叶面宝等。

5)"闪苗"和"闷苗"　秧苗不能迅速适应温、湿度的剧烈变化,而导致猛烈失水,并造成叶缘干枯,叶色变白,甚至叶片干裂。通风过猛、降温过快的称为"闪苗",而升温过快、通风不及时所造成的凋萎,称为"闷苗"。

原因。"闪苗"是因猛然通风,苗床内外空气交换剧烈,引起床内湿度骤然下降所造成的。“闷苗”是低温高湿、弱光下秧苗营养消耗过多,抗逆性差,久阴雨骤晴,升温过快,通风不及时造成的。

防治方法。通风应从背风面开口,通风口由小到大,时间由短到长。阴雨天气尤其是连阴天应隔苫揭苫,边揭边盖。用磷酸二氢钾等对叶面和根系追肥。

6)倒苗　最常见的倒苗,是由猝倒病引起,防治对策请参考本书第六部分簇生朝天椒病虫害防治技术中如何防治簇生朝天椒猝倒病的内容。

7)药害　苗期是农药的敏感生育期,耐药性较差,很容易发生药害而出现斑点、焦黄、枯萎乃至死亡。

原因。错用农药;浓度过高或浓度正确但重复使用;施药时气温高、湿度大、光照强;不恰当混用药剂等。

防治方法。正确选用农药品种,不乱混乱用,随配随用,施用浓度和次数适当。用药时,要看天、看地、看苗情,避过不利天气、不良墒情、不壮苗情,施药质量要高,喷洒均匀适度。出现药害后,加强肥水管理,及时缓解。

四、簇生朝天椒生产技术

河南省是我国簇生朝天椒种植面积最大的省份，本部分主要介绍河南省应用较为广泛的各种簇生朝天椒生产技术，包括春茬、小麦间作套种、麦茬、与大蒜间作套种生产技术，“3-2-1”式小麦、簇生朝天椒、玉米间作套种生产技术，簇生朝天椒、大蒜、西瓜、花生间作套种生产技术，簇生朝天椒、小麦、西瓜间作套种生产技术，幼龄果树套种生产技术等。

23. 簇生朝天椒都有哪些生产模式?

目前簇生朝天椒生产上主要有春茬生产,小麦间作套种生产,麦茬生产,与大蒜的间作套种生产,“3-2-1”式小麦、簇生朝天椒、玉米间作套种生产,簇生朝天椒、大蒜、西瓜、花生的间作套种生产,簇生朝天椒、小麦、西瓜间作套种生产,幼龄果树套种生产等。

簇生朝天椒春茬生产模式产量高而稳定,春椒上市早,经济效益高。河南西南部地区簇生朝天椒生产以春茬为主。

麦茬簇生朝天椒生产模式的优势在于能够实行年内轮作,可以大面积栽培,群众易于接受。

小麦间作套种簇生朝天椒生产模式,主要集中应用于河南省,是河南省簇生朝天椒生产的一大特色,是应用最早也较为普遍的一种栽培模式。河南作为粮食大省,一直把粮食生产作为重点,为了提高经济效益,在多年的实践中,当地农民逐步摸索出小麦、簇生朝天椒套种的模式,既保障了粮食生产,又有效提高了土地经济效益,同时有利于秸秆还田,增加土壤有机肥的补充。在河南省簇生朝天椒主产区之一的内黄县,簇生朝天椒与小麦间作套种占到该地区簇生朝天椒种植面积的95%以上。实践证明,簇生朝天椒与小麦间作套种不仅解决了簇生朝天椒生产与小麦争地的矛盾,同时达到了小麦产量不减、簇生朝天椒增产的双赢目标。簇生朝天椒亩产干椒400千克,单价按12元/千克计,亩效益4 800元,除去亩投资1 000元,亩净效益3 800元;小麦亩产450千克,按市场价格2元/千克计,亩效益900元,合计亩效益4 700元,比套种玉米增收4倍以上,比套种花生增收2倍以上。随着农业机械化的实现,小麦收割基本上已经使用收割机完成,因此小麦、簇生朝天椒的间作套种也要考虑兼顾与小麦收割机操作的配合,尽可能地保证小麦收割机不损伤到簇生朝天椒。

在大蒜产区,以往大蒜主要是和玉米、棉花、西瓜、花生等作物间作套种,随着近几年簇生朝天椒栽培面积不断增加及大蒜与簇生朝天椒间作套种生产有多种优势,如共生期短,可早播、早收,与簇生朝天椒争水、争肥的矛盾较小等,目前簇生朝天椒、大蒜的间作套种已成为大蒜产区间作套种的一种主要模式,主要分布在河南省的中牟县、杞县、柘城县等地，山东省金乡及周边，江苏等大蒜种植区域。采用这种模式的金乡产区，簇生朝天椒上市较其他产区要早 30～40 天，有利于抢占市场先机。

“3－2－1”式小麦、簇生朝天椒、玉米间作套种生产模式，是安阳市农业科学院根据当地农民种植习惯总结出的一套间作套种高效栽培模式。近年来该模式在当地得到了迅速推广，增产增效显著，为当地种植业结构调整及高效农业的发展起到了积极的推动作用。

簇生朝天椒、大蒜、西瓜、花生的间作套种模式在簇生朝天椒、大蒜的间作套种的基础上增加了西瓜、花生的种植。此模式在西瓜、花生产区大面积应用，河南省郑州中牟县，开封通许县、尉氏县，周口西华县、太康县，商丘民权县、柘城县等地应用面积最大。

簇生朝天椒、小麦、西瓜间作套种是在西瓜主产区普遍采取的一种栽培模式，合理安排 3 种作物的种植，可提高单位面积的产量效益。在河南省开封通许县、尉氏县，周口太康县、西华县等地应用较多。

幼龄果树套种簇生朝天椒生产模式，是利用当年栽植的苹果、梨、葡萄、枣、桃、李、杏等果树树冠较小，在其行间套种簇生朝天椒，既能充分利用空间和地力及光热资源，又能做到以短养长（簇生朝天椒收获周期短，果树生长周期长）。在前期果树没有效益的情况下，平原地区有排灌条件的新建果园，套种簇生朝天椒亩产量可达 300 千克以上，而且果树不受任何影响。

24. 簇生朝天椒春茬生产如何整地施肥？

簇生朝天椒适合中性与偏酸性的土壤生长，比较耐贫瘠，在沙土、壤土、黏土地都可种植。地势低洼的盐碱地和质地较黏重、板结严重的土壤，均不利于簇生朝天椒生长。宜选择土层深厚肥沃、富含有机质和透水性好的土壤，宜生茬地生产，忌重茬地，如种过番茄、茄子等茄科作物，需间隔 4～5 年才能生产，以防病菌相互传染。春茬簇生朝天椒生产的地块，要秋耕冻垡，少犁多耙，上虚下实，土地平整，缺墒要冬灌，耕层要达到20～25 厘米。

簇生朝天椒喜肥，要获得高产，宜多施农家肥，一般每亩施入优质腐熟农家肥 4 000～5 000 千克，同时施优质复合肥 50 千克（N－P－K＝15－15－15），硫酸钾 25 千克。具体施肥种类及数量，可因地制宜，如沙性地 30%，黏性地 50%，地膜覆盖地 80% 作基肥，其余部分作追肥。

移栽前10天进行整地起垄。整地要深耕细耙，耕深达到25厘米，要求土壤细碎无坷垃。然后起垄，垄高约25厘米，垄面宽约40厘米，沟宽50厘米，沟深约25厘米，畦面整成龟背形，便于盖膜。

25. 簇生朝天椒春茬生产如何定植？

河南地区一般4月中下旬至5月初定植。定植时要保持窄行距40厘米，株距17～20厘米，每畦种2行，一般亩定植7 500～8 000株。也可依据所种簇生朝天椒品种的生长特性确定定植密度。杂交一代品种生长势旺，分枝能力强，应适当稀植；常规品种生长势弱、分枝能力差，可密植。杂交种种子较贵，多采用单株定植；常规种则可采用双株定植，以密度求产量。

定植前1天将苗床浇1次透水以利起苗。定植以多云或半阴天气为佳，利于幼苗成活。定植后需立即浇水，以保证幼苗成活率。

26. 簇生朝天椒春茬生产如何进行田间管理？

1）查苗补栽　定植过程中，由于植株栽得深浅不一致，或因浇水不匀，地下害虫的危害，容易造成缺苗。为保证全苗，簇生朝天椒定植后1周内，必须经常查看田间苗情，及时查漏补栽。补苗要逐块逐行检查，当发现缺苗时，随即栽苗，补栽的秧苗苗龄可稍大些，使全田生长基本整齐。栽后及时浇水。补苗的原则是“宁早勿晚”。当补栽的苗成活后，若补栽的苗小，要及时偏施肥水，使补栽苗尽快赶上正常定植苗，达到生长一致。

2）摘心　簇生朝天椒的产量主要集中在侧枝上，据测算，主茎上的产量约占总产量的10%，而侧枝上占80%～90%。摘心迟，影响侧枝生长。所以，当植株顶部出现花蕾时及时摘心，可限制主茎生长，增加侧枝数，提高单株结果率，提高单株产量。

3）浇水　定植缓苗后，一般每5～7天浇1次水，保持地皮有干有湿。植株封垄后，田间郁闭，蒸发量小，可7～10天浇1次水。有雨时不浇，保持地皮湿润即可，雨后要及时排水。进入红果期，要减少或停止浇水，防止贪青，促进果实转红，减少烂果。

4）追肥　簇生朝天椒生产中禁止使用碳酸氢铵和乙胺一类的肥料。定植后到结果初期，是簇生朝天椒营养生长较快的一个时期，应结合浇水进行第一次追肥，每亩施入尿素10～15千克，促进茎叶旺盛生长。摘心打顶后，进行第二次追肥，亩施尿素15～20千克或复合肥20～25千克，以促进侧枝生长，促使植株及早封垄。侧枝坐果后，进行第三次追肥，促进果实膨大，可每亩沟施尿素5千克、磷酸二铵10千克、硫酸钾10千克。生长后期，根系活力下降，吸肥能力减弱，可进行根外追肥，可喷洒0.4%磷酸二氢钾溶液，促进开花结果。若叶色发黄可喷0.5%～1%的尿素水溶液。叶面施肥应选择阴天或傍晚喷施，以利植株吸收。喷洒锌锰硼复合微肥也有一定的增产作用。

5）中耕培土　浇缓苗水后，地皮发干时要及时中耕松土，促进根系发育。浇水和雨后要及时中耕，以防土壤板结。同时可结合中耕及早清除田间杂草。封垄以后不再进行中耕。结合中耕还要进行培土，以维护植株防倒伏，促进不定根的发生。

27. 簇生朝天椒生产如何采摘和晾晒？

请参照本书第五部分簇生朝天椒采收及采后处理技术有关内容。

28. 小麦间作套种簇生朝天椒如何进行小麦生产？

1）品种选择　小麦应选用早熟、矮秆、抗病、抗倒伏、丰产优质的品种，如矮抗58、百农418、百农419等。

2）施肥整地　生产地块应远离污染源，符合无公害生产的条件。要施足底肥，每亩基施充分腐熟优质农家肥5 000千克，三元复合肥35千克，过磷酸钙100千克，耕翻整地，耕翻深度为20～25厘米，无明暗坷垃，土层细实平整。

3）播种

（1）预留行准备　在播种小麦整地时，起90厘米宽小畦，畦内播种3行小麦占地40厘米，预留行50厘米。

（2）定植前准备　因小麦处于生长期，施肥不方便，在簇生朝天椒定植前，结合除杂草将埂整平，以备定植。

小麦于10月上中旬播种，每亩播种量10～14千克，基本苗18万～20万株。

4）水肥管理　小麦适时浇好越冬水，有利于小麦安全越冬，起到冬水春用、消灭坷垃的作用。中后期的需水与簇生朝天椒苗期需水配合运筹。簇生朝天椒定植前的基肥与小麦追肥合二为一施入，满足小麦与簇生朝天椒共生期需要，可每亩基施三元复合肥(15－15－15)50～60千克。

5）收获　小麦成熟时及时收割。

29. 小麦间作套种簇生朝天椒如何进行簇生朝天椒生产？

育苗请参照本书第三部分簇生朝天椒育苗技术有关内容。

1）定植

(1)定植时间　在5月上中旬定植为宜，定植原则是"苗到不等时，时到不等苗"，适时偏早的原则，以利早开花，早结果。

(2)合理密植　总的原则要掌握：小株型宜密，大株型宜稀；肥力高的田块宜稀，肥力差的薄地宜密；常规品种适时密一点，杂交品种稍稀一点。一垄2行辣椒，窄行距20～25厘米，株距20～23厘米，每穴2株。麦套朝天椒中等肥力的田块一般掌握在6 500～7 000穴为宜。这样可充分利用地力和阳光，也有相互增强抗倒伏能力，充分发挥群体结果的优势，使产量整体提高。也可根据种植的簇生朝天椒品种的生长特性选择适宜的定植密度。

当前麦套簇生朝天椒普遍定植过密，不能充分发挥单株结果优势和促发侧枝优势，这是目前急需要解决的问题。

(3)定植　在幼苗定植前1天应在苗床上喷洒500倍液的病毒A加锌肥预防病毒病。"瓜栽坨，辣椒没脖。"栽植深度宜浅，一般要求不超过6厘米，以埋不住子叶为宜。在移植时要看天、看地、看苗情。看天气，应选择晴天无大风时进行移植。看地，即看土壤墒情、整地质量，如果土壤干旱严重，应浇水后再进行移植。看苗情，去弱选壮，根据苗的高度分批移植，达到均衡生长。

2）田间管理　根据簇生朝天椒的特性和生长规律，在小麦收获后的管理上，要突出一个"早"字，狠抓一个"好"字。

（1）浇水　及时浇好“三水”，即定植水、缓苗水、扎根水。根据往年的旱情，这“三水”是非常关键的。缓苗水浇后在浇第三水的同时进行田间查苗补苗。“三水”过后，进行一次浅中耕。簇生朝天椒既喜温、喜肥、喜湿，又不抗高温。

（2）追肥　簇生朝天椒是需肥量大的作物，没有肥料的投入，产量会大大降低，这是簇生朝天椒高产的基本条件之一。

（3）喷施生长调节剂，防止落花落果　造成簇生朝天椒落花落果的原因是多方面的，如高温、多雨、干旱、积水、缺肥、徒长，及病虫危害等都能够不同程度地引起落花落果。要防止这种现象的发生，必须加强田间管理，保护根系，防止干旱、积水，确保开花、结果足够的营养供给，合理地调控营养生长和生殖生长同时并进。可喷施磷酸二氢钾和硼肥，PBO生长促控剂等，一般喷施3～5次，可增产10%以上。

（4）施用肟菌·戊唑醇减少二次生长　据河南农业职业学院和河南省粮源农业发展有限公司试验，采用75%肟菌·戊唑醇水分散粒剂4 000倍液喷雾防治疫病和炭疽病，种植方式是麦椒套种，试验品种是望天红三号。前茬连续多年进行小麦与簇生朝天椒套种。2015年2月23日育苗，5月17日移栽种植，于7月3日簇生朝天椒疫病、炭疽病始发生时施药，每隔10天用药1次，连施4次。防治疫病和炭疽病取得显著效果。

在防病的同时调查植株的生长情况，结果显示，使用75%肟菌·戊唑醇防治簇生朝天椒疫病、炭疽病，同时对植株主茎生长有抑制作用，促使营养生长向生殖生长转化，减少二次生长；可以提高果实品质，簇生朝天椒生长表现簇生多而集中、色泽好、易采摘，能较好解决朝天椒二次生长影响品质和产量的技术难题，减少不必要的营养消耗，增加干物质积累，后期脱水快，成熟度提高10.3%，干鲜比提高5.0%。

采摘和晾晒参照本书第五部分簇生朝天椒采收及采后处理技术有关内容。

30. 如何进行麦茬簇生朝天椒生产？

育苗参照本书第三部分簇生朝天椒育苗技术有关内容。

1）整地施肥　小麦收获后及时结合犁地抓紧灭茬、施足底肥。每亩可施用充分腐熟优质农家肥5 000千克，氮磷钾三元复合肥35千克，磷酸二铵100千克。

2)定植　麦套簇生朝天椒苗龄50～60天,于6月10日前定植。起苗前1天苗床浇透水,起苗时尽量多带土,少伤根,剔除弱苗,随手将苗分为三级,只栽一级、二级苗,三级苗尽量不用。按行距30厘米,株距18厘米,每穴双株,每亩栽12 000～13 000株,两行错开成三角形状定植利于通风、透光。也可根据种植的簇生朝天椒品种的生长特性选择适宜的定植密度。

3)田间管理

(1)查缺补苗及摘心　定植后1周内进行查苗补栽。主茎现蕾后,及时摘心打顶,促使幼苗萌发侧枝。

(2)中耕培土锄草　定植成活后浅锄1次。浇水或自然降水后及时中耕锄草,破除板结。进入结果期后,结合中耕培土2～3次,防止倒伏。

(3)科学浇水　定植后及时浇水,5～7天后浇缓苗水,中后期干旱,应小水勤浇,高温干旱时禁止中午前后高温时段浇水,忌雨前浇水,久旱忌浇大水,雨后及时排除积水。

(4)合理追肥　缓苗后到结果期,可适当追施提苗肥,每亩追施尿素10～15千克,坐果后每亩追尿素10～20千克,氮磷钾三元复合肥20～25千克。中后期进行根外追肥,可喷施0.5%磷酸二氢钾溶液、1%尿素溶液、0.2%硫酸锌溶液等。

(5)化学催红　在降霜或腾茬前,青果较多时,可在采收前7～10天用40%乙烯利水剂1 000倍液喷洒催红。也可将簇生朝天椒拔秧带回,堆成小垛,用500倍乙烯利溶液喷洒催红。利用乙烯利催红可提高产量与品质,提高经济效益。

采摘和晾晒请参照本书第五部分簇生朝天椒采收及采后处理技术有关内容。

31. 如何进行簇生朝天椒与大蒜的间作套种生产?

簇生朝天椒与大蒜间作套种方法很多,为兼顾簇生朝天椒、大蒜双高产,且易操作、易套种,建议采用以下模式:采取大蒜畦宽80厘米,每畦种植5行大蒜,株距8～10厘米,两畦间留畦埂宽20厘米、高15厘米,在畦埂两边第一行和第二行大蒜中间栽培1行簇生朝天椒,再间隔2行栽培第二行簇生朝天椒,这就形成了簇生朝天椒小行距40厘米、大行距60厘米的宽窄行栽培的套种模式。

32. 簇生朝天椒与大蒜的间作套种如何进行大蒜生产？

1）整地施肥　大蒜种植应首选地势平坦、耕层疏松、土层深厚、富含有机质、保水保肥的水浇地块。大蒜施肥提倡“控氮、增磷、补钾、加微”施肥方法，在播种前结合整地最好一次性施足底肥，每亩施腐熟优质圈肥 6 000 ~ 8 000 千克，腐熟饼肥 100 千克，大蒜专用硫酸钾复合肥 60 千克，硫酸锌 2 千克。

2）精细选种　选头大、瓣匀、无霉变、无病斑的蒜头作种。下种前 5 ~ 7 天，将选好的蒜种晾晒 2 ~ 3 天，用 50% 多菌灵可湿性粉剂 500 倍液浸种 12 ~ 16 小时即可下种。

3）播种

（1）选择适宜的播期　秋播大蒜喜凉忌热，如果播种过早，年前苗过旺，越冬时易造成冻害，还会造成大蒜的二次生长，出现管状叶和面包蒜；如果播种过迟，则达不到大蒜生长所需的积温，从而影响大蒜的生理机能，最终影响其产量。一般认为，国庆节前 3 天至节后 5 天，比较适宜大蒜的播种。

（2）提高播种质量　大蒜播种时，要选择直径 5 厘米以上的蒜种为宜。播种的深度为 4 厘米左右，需栽直、栽稳，蒜瓣腹背面应与行向一致，这样，出苗后展开的叶子就会与行向垂直，有利于叶子合理分布，从而增大叶的光合作用，这是提高大蒜产量的重要环节。播完种后，应覆土，施 33% 二甲戊灵乳油，亩用量 120 ~ 150 克，对水 40 ~ 50 千克后均匀喷洒，喷后不能踩踏，立即盖膜。

4）田间管理

（1）冬前大蒜苗期管理　大蒜播种后，一般 4 ~ 6 天出苗，如果不能正常破膜出苗的，要人工辅助破膜放苗。播后 10 ~ 15 天浇 1 次齐苗水，有利于大蒜根系的生长。为达到壮根的目的，封冻前，应浇 1 次越冬水，施 1 次冲施肥。通过以上措施，大蒜能在越冬前达到 5 叶 1 心，根系发达，翌年春天，蒜苗返青快，长势强，为大蒜的高产、优质打下良好的基础。

（2）水肥管理　地膜大蒜越冬后，2 月底至 3 月上旬浇 1 次返青水，结合浇水每亩施尿素 15 千克左右。浇好 3 月下旬的退母发棵水，施足退母发棵肥，结合浇水施尿素 12 ~ 15 千克，磷酸二铵 4 ~ 5 千克，补给速效钾肥。浇好 4 月中旬的抽薹膨大水，施足膨大肥，结合浇水亩追尿素 12 千克,磷酸二氢钾 5 ~6 千克,促进蒜薹迅速长出和鳞茎膨大。5 月初至 5 月 20 日前后,需 4 ~6 天浇水 1 次,结合浇水追 1 次肥,缩短大蒜退母时出现黄叶的时间,同时防治 1 次地下害虫。蒜薹打弯时抽薹。抽薹前 3 ~4 天停止浇水。蒜薹收获后应经常保持土壤湿润,促进蒜头迅速增大,直至收获前 2 ~3 天,停止浇水。

5)蒜薹采收　一是用刀割开假茎,把薹切断抽出,然后扭转蒜叶覆盖伤口。二是用手把蒜薹直接抽出。用刀割法蒜薹产量高,但伤口雨淋后易腐烂。用手抽蒜薹法产量低,要有一定技术,应用较少。目前多采用的方法是,下午抽取蒜薹,在蒜苗基部用手捏一下再抽,或用钉子扎破蒜苗基部,再抽取,这样抽出的蒜薹长,给蒜苗造成的伤口小,对蒜头的生长影响小。

6)蒜头采收　蒜薹采收及时,对蒜头生长无影响,蒜薹采收后约 20 天可收蒜头。如不收蒜薹反而影响蒜头的膨大速度和产量。蒜头不能等到地上全部叶子枯萎时再采收,雨季如不及时采收容易腐烂,蒜瓣容易散开,不能储藏,也不宜留种。

33. 簇生朝天椒与大蒜的间作套种如何进行大蒜病虫害防治?

大蒜主要病虫害有叶枯病、灰霉病、紫斑病、根蛆、葱蓟马等,应注意及时防治。

1)农业防治

(1)合理轮作　大蒜叶枯病、紫斑病、煤斑病等病害病原菌均能在土壤或病残体中越冬或越夏,造成病原基数上升。一般大蒜应与非百合科作物进行 3 ~5 年的轮作,减少病原基数,保证土壤中某些营养元素的补充,减轻病害发生。

(2)合理排灌　大蒜根系既不耐旱又不耐涝,土壤干旱要及时浇水,还有利于抑制蓟马的发生。雨量过大,及时排水,并撒施草木灰,降低田间湿度,增施钾肥,还可有效抑制灰霉病、根蛆的危害,达到增产防病的目的。

(3)及时清洁田园　在病虫害易发地区或田块尤为重要。清除病残体,及时拔出中心病株,带出田园处理,是防止病害流行的一个重要手段。

2)药剂防治　当病虫害大面积发生和流行时,应及时用药防治。

(1)叶枯病　该病为真菌性病害,病菌主要在病残体上越冬。多雨适温条件下,因氮肥施用过多造成的徒长弱苗易发病。病菌主要侵染叶片和花柄，多从叶尖开始发病，逐渐向下扩展。初生白色圆形斑点，之后病斑扩大，密生黑色粉状霉层，最后叶片和假茎变黄枯死，并从病部折断。发病严重时，大蒜不易抽薹。防治方法：加强田间管理，提高植株抗病能力；及时清除病残体并集中处理；发病初期及时用75%百菌清可湿性粉剂600倍夜，或70%代森锰锌可湿性粉剂500倍液喷雾。

(2)灰霉病　该病为真菌性病害，主要危害叶片，多发生于植株生长中后期，病斑初为水渍状，后为白色或灰褐色，病斑扩大后形成梭形或椭圆形的灰白色大斑，半叶甚至全叶表面着生灰褐色绒毛状霉层，病株假茎和地下蒜头腐烂。病菌以菌丝体在土壤或病残体上越冬。防治方法：加强田间管理，合理密植，雨后及时排水降渍；增施磷、钾肥，增强植株抗病能力；在发病初期喷施70%代森锰锌可湿性粉剂500倍液或50%腐霉利可湿性粉剂1 500~2 000倍液。

(3)紫斑病　可选用75%百菌清可湿性粉剂500~600倍液、64%杀毒矾可湿性粉剂500倍液、58%甲霜灵锰锌可湿性粉剂500倍液、50%扑海因可湿性粉剂1 500倍液防治。

(4)虫害防治　大蒜田常见的害虫有根蛆、葱蓟马、蛴螬等。防治方法：施用充分腐熟的有机肥作基肥，蒜种与肥料适当隔开；根蛆危害严重的地方，可以每亩用90%晶体敌百虫750克加水50千克溶解，泼洒在750千克粪土上，拌匀后施下；同时遭受根蛆、蛴螬危害时，可用90%晶体敌百虫1 000倍液喷洒植株根部土壤。防治葱蓟马可用50%辛硫磷乳油1 000倍液、50%乐果乳油1 000倍液、25%增效喹硫磷乳油7 000倍液喷雾。根蛆成虫和幼虫都要防治，防治成虫以21%灭杀毙乳油6 000倍液、2.5%溴氰菊酯乳油3 000倍液隔7天1次，连防2~3次；防治幼虫可用50%辛硫磷乳油800倍液、90%晶体敌百虫1 000倍液或50%乐果乳油1 000倍液灌根。

34. 簇生朝天椒与大蒜的间作套种如何进行簇生朝天椒生产？

育苗技术请参照本书第三部分簇生朝天椒育苗技术有关内容。

1)间作栽培　豫东地区大蒜与簇生朝天椒间作套种一般在4月下旬至5月上旬开始定植，在畦埂两边第一行和第二行中间打孔种植，常规品种株距20~25厘米，杂交品种株距35～40厘米，单株栽培。双株栽培适当增加株距。常规品种亩保持6 000～8 000株，杂交品种亩保持3 500～4 500株。也可根据种植的簇生朝天椒品种的生长特性选择适宜的定植密度。

2）田间管理

（1）肥水管理　现在大蒜栽培基本上实现地膜全覆盖栽培，收获后及时浇水1次，每亩可冲施尿素5～7千克。封垄时（花果盛期）每亩施硫酸钾（辣椒忌氯）三元复合肥30～40千克。前期每隔7～8天浇水1次，要浇小水，忌大水漫灌，后期要控制浇水。进入雨季后要注意排水防涝，连阴雨后暴晴要浇小水（涝浇园：根部缺氧，根压低，光照强，蒸腾作用大植株容易萎蔫）。

（2）植株调整　当植株12～14片叶时，打顶。促进侧枝生长发育，提早侧枝的结果时间，增加侧枝的结果数量，有利于提高产量。簇生朝天椒结果盛期要防止落花、落果、落叶，可喷施辣椒促控剂和多元素叶面肥。后期喷施0.2%磷酸二氢钾加0.2%尿素溶液。

采摘和晾晒请参照本书第五部分簇生朝天椒采收及采后处理技术有关内容。

35. 如何进行“3－2－1”式小麦、簇生朝天椒、玉米间作套种生产？

“3－2－1”式即3行小麦、2行簇生朝天椒、1行玉米间作，小麦播种时以畦宽90厘米做畦，留大畦埂，畦内种植小麦3行，垄上移栽2行簇生朝天椒，2垄簇生朝天椒间作1行玉米。簇生朝天椒定植行距30厘米，穴距25厘米，每穴2株，2行最好错开成三角形状定植。玉米以1.8米行距、0.5米株距麦垄点播。

36. “3－2－1”式小麦、簇生朝天椒、玉米间作套种生产的技术要点有哪些？

1）培育壮苗　一般可采用小拱棚平畦直播育苗，豫北地区在3月上中旬播种。每亩用种量75克。移栽时双株定植，每亩共定植4 000穴左右，需苗床面积20～25米^2。

2）施肥整地

（1）施肥　9月底小麦播种前结合犁地施足底肥。每亩可施用充分腐熟优质农家肥5 000千克，氮磷钾（16－16－16）三元复合肥35千克，磷肥100千克。尽量多施有机肥，增加土壤团粒结构，有利于植株的生长。

(2)起垄　小麦播种时按90厘米做畦起垄，畦宽50～55厘米，垄宽35～40厘米，畦内播种3行小麦，垄上定植2行簇生朝天椒。

3)定植　苗龄45～60天移栽，黄河中下游一般在4月底至5月中旬移栽定植，麦套种植定植应尽量提早。簇生朝天椒靠垄两边种植以行距30厘米，株距25厘米，每穴2株，2行最好错开成三角形状定植，利于通风、透光和生长；或根据种植的簇生朝天椒品种的生长特性选择适宜的定植密度。

麦垄点播玉米　5月底，按1.8米行距，每隔2垄簇生朝天椒点1行玉米，玉米株距50厘米。

4)田间管理

(1)中耕培土　小麦收获后及时中耕除草除麦茬，可减少杂草与作物对水分、养分、阳光和空气的竞争，减少地力消耗。第一次应浅锄，中耕深度一般在3厘米左右，破除表土板结，增温保墒，特别在灌水和下雨后应及时中耕，以增强土壤透气性，加速土壤养分的分解与供应，促进其生长发育。植株根系扎深后中耕深度可在6厘米左右，因簇生朝天椒根层较浅，注意中耕伤根。中耕次数可根据浇水、板结和杂草情况而定，一般3次，封垄后停止中耕。

(2)追肥　进入结果期后，开始追肥，一般每亩每次施氮磷钾三元复合肥20～25千克，或蔬菜冲施肥10～20千克，追肥次数2～3次，拔棵前1个月停止追肥。

(3)浇水排水　簇生朝天椒既怕旱又怕涝，因此要特别控制和保持土壤中水分，浇水时以小水渗浇为好，切忌大水漫灌。遇大雨天气，严防田间积水，应及时排水。

(4)玉米管理　麦收后应及时间苗定苗，结合簇生朝天椒虫害防治，注意防治玉米钻心虫等害虫，灌浆后及时打掉下部老叶，解决田间通风问题。

37. 如何进行簇生朝天椒、大蒜、西瓜、花生间作套种生产？

簇生朝天椒、大蒜、西瓜、花生的间作套种基本上采用以下模式：4米一个种植条带，在10月上旬，播种15行大蒜，行距20厘米，留1.2米空当，于翌年2月下旬至3月上旬起2

垄，垄宽40厘米，中间开沟40厘米，4月中旬每垄中间定植1行西瓜。4月下旬至5月上旬在每垄西瓜两侧种植2行簇生朝天椒。在5月中旬至6月上旬大蒜收获前后都可种植花生，即距簇生朝天椒80厘米中间条带种植5行花生，参考株行距20厘米×30厘米。

38. 簇生朝天椒、大蒜、西瓜、花生间作套种如何进行大蒜生产？

请参照簇生朝天椒与大蒜的间作套种生产的有关内容。

39. 簇生朝天椒、大蒜、西瓜、花生间作套种如何进行西瓜生产？

簇生朝天椒、大蒜、西瓜、花生的间作套种，西瓜育苗时间豫东地区应在2月下旬至3月上旬，选择早熟品种，以汴早露、甜宝、京欣类型居多。

1）优质瓜苗的培育

（1）传统营养土配置　用未种过瓜类5年以上的无病干燥园土粉碎，每立方米土中加氮磷钾各15%的复合肥、过磷酸钙各300克，再加50%多菌灵可湿性粉剂50克拌匀，堆腐4周后过筛装入营养钵中备用。也可采用穴盘育苗技术。穴盘育苗是现在大面积推广的新的育苗技术，多采用50孔穴盘，所育的瓜苗无病害，生长快，苗壮，移栽不缓苗，抗病性强。

（2）种子处理　选晴天晒种1～2天，注意要避免烫伤种子。晒好后浸种。将完整无损的种子在55℃（约是2份开水加1份冷水）温水中浸种20～30分，然后在室温下浸种8～12小时，浸种完毕，擦去种子表面黏膜，冲洗干净，沥干水分，用湿布包好（注意透气性要好，可以用干净的白棉布或湿毛巾）。

（3）催芽　装入自封口袋在30℃左右的温度环境下催芽。

（4）播种　播种前将营养钵浇透，晴天午后1钵播种1粒种子，胚芽朝下，覆盖0.5厘米的营养土，盖膜。白天棚温保持25℃，夜间保持16℃以上。

（5）苗期管理　当种苗破土达25%～30%时，揭去钵上平铺的地膜。营养钵表土以稍干为主，以利于根系的生长。

（6）苗期防病　出苗1周后要喷药防治立枯病、猝倒病、疫病。用70%噁霉灵可湿性粉剂 500 倍液喷雾 1 ~2 次。每周 1 次。

(7)炼苗　定植前 5 ~7 天选择晴天温暖天气,喷 1 次 50% 多菌灵可湿性粉剂 500 倍液 +72.2% 霜霉威水剂 500 倍液,炼苗视幼苗素质灵活掌握,壮苗少炼或不炼,嫩苗逐步增加炼苗强度。

2)定植

(1)整地开沟,重施基肥　西瓜茎叶繁茂,生育期短,产量高,需肥量大,必须施足基肥,为西瓜全生育期提供基本养分。特别是盖膜栽培,追肥不方便,如基肥不足,易造成植株早衰,影响果实发育。基肥以长效性有机肥为主,再加入适量的化肥。选择开春后在预留行开沟 50 厘米深,根据土壤肥力而定。中下等地每亩可施优质厩肥 3 000 ~5 000 千克,或饼肥 150 ~200 千克,西瓜专用复合肥 50 千克;上等肥力地块,可施厩肥 2 000 ~2 500 千克,或饼肥 100 千克,西瓜专用复合肥 40 千克。和土壤充分混匀,起垄覆盖地膜,垄高15 ~20 厘米。4 米条带起 2 垄,2 米条带起 1 垄。

(2)定植　4 月中下旬定植,选择晴天的下午或者阴天、多云为佳,株距以早熟品种 50 厘米、中晚熟 60 厘米为宜。移栽好后,灌浇定根水 1 次,宁小勿大,保持土壤表面见干见湿。

3)田间管理

(1)缓苗期管理　在栽后 3 天,检查瓜苗成活情况,出现死苗,立即补苗。

(2)伸蔓期管理　出蔓后,及时理蔓,理蔓于下午进行,避免伤及蔓上茸毛或花器。主蔓长 60 厘米左右开始整枝,去弱留壮,每株留 2 条粗壮侧蔓,亦可双蔓整枝,其余不断剪除。

(3)坐瓜期管理　白天温度保持在 30℃,夜间不低于 15℃,否则坐瓜不良。植株长势好、子房发育正常的,主侧藤第二朵到第三朵雌花坐瓜,可以人工辅助授粉,开花时在早上 7 ~9 点进行人工授粉,幼瓜坐稳后每株保留 1 ~2 个正常幼瓜,其余摘除。西瓜呈鸡蛋大小时定瓜,摘除低节位或瓜形不正、带病受伤幼瓜,以保留正常节位果实的发育。

(4)膨瓜期管理　西瓜呈鸡蛋大小时,亩用速效复合肥 10 ~15 千克,每隔 7 ~10 天冲施 1 次。此期补肥结合浇水进行,保持地面见干见湿。及时清理老、病枝条,保留健壮的侧蔓。

(5)病虫害防治 西瓜常见病害主要有病毒病、炭疽病、枯萎病。病毒病主要是由蚜虫传播,应重点治蚜防病。蚜虫发生高峰前,可喷20%吡虫啉可湿性粉剂1 500倍液防治;病毒病发病初期用20%病毒A可湿性粉剂500倍液或2%氨基寡糖素600倍液或20%克毒宁可湿性粉剂500~600倍液或5%菌毒清水剂500~600倍液,每7~10天1次,连喷3~4次。炭疽病发病初期,喷洒80%炭疽福美可湿性粉剂800倍液或70%甲基硫菌灵可湿性粉剂500倍液。发现枯萎病及时采用50%多菌灵可湿性粉剂500倍液,每株250克灌根,如同时加入西瓜植保素,增产防病效果更好。

40. 簇生朝天椒、大蒜、西瓜、花生间作套种如何进行簇生朝天椒生产?

豫东地区4月下旬至5月上旬在每垄西瓜的两侧提早定植簇生朝天椒,常规品种株距20~25厘米,杂交品种株距35~40厘米。田间管理技术请参照簇生朝天椒与大蒜的间作套种生产有关内容。

41. 簇生朝天椒、大蒜、西瓜、花生间作套种如何进行花生生产?

花生应选适应性广,增产潜力大,抗病中熟的大花生品种。5月中旬,结合浇西瓜膨大水,套种花生。西瓜收获后及时灭茬、松土,清棵灭草。为促苗早发,可结合浇水,每亩施氮磷钾复合肥25千克。中期注意灭荒锄草,封垄前进行培土,促进果针入土结果。在结荚初期一般在花生开花后30天左右,为了防止植株徒长,在植株生长过旺、田间有过早封行现象时,叶面喷施多效唑进行化控。在有徒长的田块上施用,可增产10%。

花生生长中后期,最容易感染叶斑病和花生锈病,使叶片枯黄、掉叶,影响荚果成熟,导致秕荚多。防治叶斑病,亩用70%甲基硫菌灵可湿性粉剂1 000倍液70~80千克或50%多菌灵可湿性粉剂800~1 000倍液70~80千克喷雾。防治花生锈病,在发病初期,亩用20%三唑酮乳油30~40毫升对水40千克喷雾即可。

42. 簇生朝天椒、小麦、西瓜间作套种生产的技术要点有哪些?

簇生朝天椒、小麦、西瓜间作套种采取 1.8 米一带,播种 6 行小麦预留 80 厘米空当,小麦行距 20 厘米,冬前在空当地开沟亩施圈肥 5 ~ 6 米^3,西瓜专用复合肥 50 千克,整平地。西瓜定植前 10 ~ 15 天起垄,垄宽 60 厘米,每垄中间种 1 行西瓜。每垄两侧种植 2 行簇生朝天椒。西瓜和簇生朝天椒的定植时间及田间管理可参照簇生朝天椒、大蒜、西瓜、花生间作套种生产的有关内容。

43. 幼龄果树套种簇生朝天椒生产的技术要点有哪些?

果树行距 3 ~4 米,株距视果树种类而定。桃、樱桃、葡萄等树干较矮、分枝较多、长势快的果树种类,离果树主干 70 厘米栽植簇生朝天椒。簇生朝天椒行距 40 厘米,共栽 5 行,株距 25 厘米,每亩栽簇生朝天椒 4 400 株。其他生产技术参照簇生朝天椒春茬生产有关内容。

五、簇生朝天椒采收及采后处理技术

本部分主要从果实成熟的标准、采收、干制、分级、储存五方面介绍簇生朝天椒采收及采后处理技术。

44. 簇生朝天椒果实成熟的标准是什么？

簇生朝天椒果实成熟的标准是：色泽深红，手摸果实发软。一般从开花到成熟 50 ~ 60 天，果实转红后，并未完全成熟，需再等 7 天左右。未成熟的果实硬度大，含水量高，需晾晒时间长，而且晾晒时容易褪色，形成白色斑块，称为“花壳”，价格很低。未成熟果实在晾晒与搬动时容易掉籽，影响产量，并且晒干后辣椒素含量及红色素含量低，售价也低。

45. 簇生朝天椒如何进行采收？

簇生朝天椒在霜降之前必须收获完毕，否则受到霜冻后，簇生朝天椒晾干后会出现着色不均现象，品质下降。簇生朝天椒可以成熟一批，采收一批。一次性收获可采用拔或割 2 种方法，收获后要把簇生朝天椒植株平放在田间晾晒 3 ~ 4 天，在晾晒过程中如遇到降水，要继续晾晒 1 ~ 2 天才能运输。

46. 簇生朝天椒如何进行干制？

1) 自然干制

(1) 整秧晾晒　整秧晾晒是指将簇生朝天椒植株与果实一起晾晒，使果实含水量降到 18% ~ 20%，在晾晒过程中要防止果实发霉变质、褪色或破碎。具体的晾晒方法可采用挂植株晾晒法，即利用房屋和院墙，拴牢铁丝或绳子，也可在大树和木桩之间拉上铁丝或绳子，将簇生朝天椒每 10 株左右在基部用绳捆扎好，搭在铁丝或绳子上晾晒，晾晒点要远离公路。一般晾晒 15 ~ 25 天，当手摇植株，能听到辣椒籽撞击辣椒壁的声音时，结束晾晒，按收购商的标准及时摘椒，进入椒果晾晒阶段。

(2) 晾晒椒果　将采摘下来的椒果及时放在苇席、苫布、无毒塑料薄膜上晾晒，摊放的厚度不宜超过 10 厘米，晾晒过程中每天要用木棒或竹棍搅动 4 ~ 5 次（每隔 2 个小时搅动 1 次），傍晚要堆成堆，盖上塑料布，防止着露水。晾晒 5 ~ 7 天干果含水量降到 12% 时，立即停止晾晒。

2)人工干制　在采收遇到阴雨天气时,为了解决晾晒问题,可人工干制。人工干制是利用各种能源提供热能,在人工控制的条件下,形成气流流动环境,从而促进果实水分蒸发使果实干燥的方法。人工干制不受气候条件限制,能迅速减少物料中的水分,显著缩短干制时间,减少腐烂。干制品的品质好,色泽鲜艳,能提高产品的商品等级。人工干制所用干制设备有烘房和干制机,其成本比自然干制高。

(1)采用烘房　烘房适用于朝天椒的大量生产,设备费用较低,操作管理简单。在干制过程中,提高温度后,必须注意将烘房内饱和湿空气排除,换入干燥空气,使空气相对湿度迅速下降,以便加快干燥速度,提高烘烤效果。一是升温蒸发。将烘房温度升至85~90℃,然后送入椒果,在30分内使室温下降20~25℃。再加温,使室温保持在60~65℃,持续8~10小时。二是通风排湿。当烘房内相对湿度达到70%以上时,开始打开天窗和地窗通风排湿。湿度降低,停止通风,继续升温,再通风。每次通风时间为5~15分,视烘房中相对湿度的高低决定通风时间。高温蒸发期,椒果的含水量由85%逐渐降低到68%~70%。当含水量降低、通风后温度变化不大时,加大通风量,减小火力,防止椒果发焦。三是倒盘。将烘房内下层烘架上的烘盘与中部的烘盘互相调换,调换时,要翻动烘盘内的椒果,使其受热均匀。四是"发汗",又称机械脱水。当温度达到60~70℃时,椒果能弯曲,但不断裂。将其从烘房中取出,进行"发汗"。可将椒果倒入竹筐或堆于室内水泥地上,压紧压实,盖上草帘(或竹席)和塑料薄膜,压实。每堆50千克左右。当堆中心椒果温度降低到45~50℃时,停止"发汗",将其迅速装盘,送入烘房,继续干燥。控制温度为55~60℃,持续10~12小时即可。五是回软,即均湿或水分平衡。干制结束后,将其压紧盖严,堆积2~4天,使椒干干湿一致,产品变软,以便包装。干制好的成品椒干,含水量在14%以下。

(2)采用烘干机　辣椒烘干机的使用提高了簇生朝天椒果实烘干速度和品质,解决了阴雨天的晾晒问题。目前一些公司生产的辣椒烘干机节能环保,操作方便,智能控制程度高,密封性干燥,安装便利,占用面积小,接近自然晒干,烘干的果实色泽鲜艳,不黑边,成色均匀一致,成品率高。

47. 簇生朝天椒如何分级?

在摘椒和椒果晾晒时,要根据产品的规格和质量分类摘椒和晾晒,在出售时还要进行最后的精选分级,实现优质优价,提高经济效益。

依据辣椒干的相关标准,参考国外对簇生朝天椒的等级规格要求,一般将无柄簇生朝天椒分为红椒一级品、红椒二级品、二红椒、青椒一级品、等外品5个等级。

一般根据客户的要求分级。出口外贸分级要求严格,必须按照国家标准级别规格,认真进行精选分级。

分级时要注意,同一等级的簇生朝天椒,整体颜色要均匀一致;同一规格的簇生朝天椒,外形规格要整齐一致;同一等级规格的簇生朝天椒,水分含量要均匀一致。

严格分级的商品,必须过手精选。挑选过程中要不断翻动,既要看到椒果这一面,还要看到椒果的另一面,确保把不合格椒果挑拣干净。

以上是好中挑差的挑选方法,如果椒果整体质量较差,可采取差中选好的方法进行挑拣分级。分级时,只需将符合等级标准的椒果挑出,剩余的即为等外品、残次椒。

48. 簇生朝天椒如何储存?

簇生朝天椒在采摘、干制、分级工作完成后,可进行出售。如在价格较低的年份或种植比较分散的地区,可进行短期的储存。

椒果达到商品的干燥度要求(含水量14%以下)后,有利于抑制病原菌对果实的侵染,同时能够抑制椒果实体内酶的活性,达到长期保存、利用的目的,这是进行椒干储存的前提。另外,储存环境应干燥、通风,禁止露天存放,禁止与有毒、有污染和潮湿物品混储。储存期间要定期检查,每7~10天定时通风,排除室内潮气,防止椒体霉烂变质。

因簇生朝天椒散发强烈的辛辣味,对人、畜的呼吸道有强烈的刺激作用,故家庭的储存间应与人、畜居住的地方分开。储存椒果用透气性好的麻袋、塑料编织袋装好后,不要直接堆放在地上,而应在地上垫一层木头或石、砖等材料,与地面间形成一个透气空间。储存簇生朝天椒的房间还应进行适当的遮光处理,因为在强光的长期照射下,簇生朝天椒的红色素会逐渐分解,降低商品的品质。再就是储存间的环境温度以 20 ~ 25℃为宜。需要注意的是,家庭不宜长年储存朝天椒,随着存放期的延长,果实的重量减轻,色泽变浅,经过夏季高温季节后,一般会降低 1 ~ 2 个商品等级。分期晒干后的椒果也可放在稍厚一点的塑料袋或筒内密封储存,放到阴凉干燥处,这样存放的椒果保质保色效果好。

六、簇生朝天椒病虫害防治技术

簇生朝天椒主要病害：猝倒病、立枯病、炭疽病、枯萎病、早疫病、疫病、白星病、根腐病、茎基腐病、疮痂病、沤根、病毒病、日灼病等；主要虫害：棉铃虫、烟青虫、白粉虱、蚜虫、茶黄螨、红蜘蛛、蓟马、蛴螬、蝼蛄、小地老虎等及防治技术。

49. 如何防治簇生朝天椒猝倒病?

1)发病症状　猝倒病同立枯病、沤根被称为簇生朝天椒苗期三大病害。本病危害簇生朝天椒幼苗,表现为幼苗茎基部初呈水渍状病斑,后变黄褐色,收缩变细成线状,湿度大时病部表面、病株附近表土有时长出一层白色棉絮状菌丝(病菌孢囊梗及孢子囊)。本病发展较急,往往病苗子叶尚未凋萎变色,已迅速倒伏,故称猝倒。

2)发病特点　病菌以卵孢子及菌丝体随病残体在土壤中存活越冬,能在土中营腐生生活。病菌主要借助灌溉水或雨水溅射而传播,也可借助施用堆肥或使用农具传播。初次侵染接种体为卵孢子,再次侵染接种体为孢子囊。通常苗期及苗床持续低温(15℃以下)高湿,光照弱或通风不良等,最易诱发本病。幼苗子叶中的养分耗尽而新根尚未扎实前,即幼苗处于由自养阶段向异养阶段过渡的时期,其抗病力弱而最易发病。旧苗床或苗地多年连作,或施用未经充分腐熟的土杂肥,往往发病较重。

3)防治方法

(1)农业防治　勿用旧床土或连作地(特别是前作为黄瓜、茄果类的连作地)作苗床。最好选用新地作床。

(2)物理防治　可用高温蒸汽对苗床土壤进行消毒(床土上覆薄膜,通入100℃高温蒸汽,把土壤加热到60~80℃维持30分)。

(3)药剂防治　播前用“甲代”合剂(甲霜灵+代森锰锌=9:1),每平方米用药8~10克,与适量细土配成药土,下铺上盖对苗床消毒,出苗后也可用药土培根。初发病时可用75%百菌清可湿性粉剂800倍液、70%噁霉灵可湿性粉剂300~500倍液防治。也可用铜氨合剂(用硫酸铜0.5千克加氨水10千克混匀,或用硫酸铜0.5千克加碳酸氢铵3.75千克混匀后,再加氢氧化钙1千克混合,置于容器内密闭24小时,上述两种方法配制的铜氨液,使用时加水750千克喷洒),或40%乙膦铝可湿性粉剂400倍液,或25%甲霜灵可湿性粉剂800倍液,或64%杀毒矾可湿性粉剂500倍液,连防2~3次,隔7~10天防治1次。

50. 如何防治簇生朝天椒立枯病?

1)发病症状　发病初期,幼苗茎基部出现椭圆形的暗褐色病斑,有同心轮纹,幼苗白天萎蔫,早、晚恢复正常。立枯病继续发展,病斑逐渐凹陷扩大,绕茎一周,有的木质部暴露在外,造成病部收缩、干枯,导致秧苗死亡。但幼苗不立即倒伏,仍然保持直立状态,故称之为"立枯病",这是与猝倒病不同的特征。湿度大时,病部可见蛛网状淡褐色霉层,无明显白霉。

2)发病特点　立枯病是簇生朝天椒苗期的主要病害,有时与猝倒病混合发生,成株期也可发病。但此病一般多发于苗期,尤其是幼苗中后期。病原菌以菌丝和菌核在土壤中越冬。病菌腐生性强,病残体分解后病菌也可在土壤中腐生存活 2 ~3 年。菌丝能直接侵入寄主,通过雨水、灌溉水、粪肥、农具进行传播、蔓延。病菌对温度要求不严,病菌的适宜生长温度为24℃,最高温度42℃,最低温度13℃,在12℃以下或30℃以上病菌生长受到抑制。高温高湿利于病菌生长,忽高忽低的温、湿度会加重病情。当幼苗生长过密、间苗不及时、老化衰弱、温度偏高、通风透光条件差时,易引发此病。

3)防治方法

(1)农业防治　采用无病土或基质护根育苗,减少伤根;苗床地施用腐熟有机肥,适当增加磷、钾肥;视墒情对苗床地浇水,忌床土忽干忽湿;控制好苗床温度,防止苗床温度忽高忽低。注意合理放风,控制苗床或育苗盘湿度与温度,促进根系生长;发现病株及时拔除并带离育苗地集中处理。

(2)药剂防治

种子消毒。可用30%甲霜·噁霉灵可湿性粉剂进行拌种,只能干拌,不可湿拌和闷种,用药量为种子重量0.2% ~0.3%;或用95%噁霉灵可湿性粉剂 3 000 倍液或 15% 的噁霉灵水剂 600 倍液,浸种 2 ~4 小时,晾干直接播种。

苗床撒播育苗,播种前苗床要充分翻晒,旧苗床必须进行苗床土壤处理。每平方米可用 50% 多菌灵可湿性粉剂 8 ~10 克,将药粉与少量细土混合均匀进行撒施,为避免药害,应保持土壤湿润。用营养土进行穴盘或营养钵育苗,每立方米营养土加入 30% 噁霉灵水剂150毫升或95%噁霉灵可湿性粉剂30克，充分拌匀后装入穴盘或营养钵进行育苗。

发病初期可用40%甲基硫菌灵悬浮剂500倍液，或5%井冈霉素水剂1 500倍液，或15%噁霉灵水剂450倍液进行喷雾，注意药液必须喷洒均匀。

猝倒病、立枯病混合发生时，可用72.2%霜霉威水剂800倍液加50%福美双可湿性粉剂800倍液喷洒，每平方米用药液2~3千克。可视病情，每隔7~10天喷施1次，连续喷施2~3次。

51. 如何防治簇生朝天椒炭疽病?

1）发病症状　簇生朝天椒炭疽病主要危害叶片、茎枝和果实，易出现花皮椒。被害果实被侵染后初期出现圆形或椭圆形稍凹陷的褐色果斑，随后斑面出现轮纹状排列的小黑点，湿度大时转呈朱红色小点，严重时易引起果腐，导致果实呈褐色、黑褐色腐烂，腐烂部密生小黑点或朱红色小点，不能食用。病果在田间或在储运期间均可发生，椒果在晾晒前期，由于果实的水分还较大，如遇阴雨天气，产生的危害有时可能更为严重，常引起更大损失。叶片染病，出现圆形至不规则形病斑，边缘褐色，稍隆起，中部灰褐至灰白色，斑面轮纹明显或不明显，病叶易脱落。茎枝染病，枝段变灰褐色至灰白色枯死，其上密生小黑点，病枝段上部的叶片枯萎。

2）发病特点　由于引起病源菌种类的不同导致果腐的炭疽病症状稍有差异，从表现特征上分为黑色炭疽病、黑点炭疽病和红色炭疽病3种。病菌均以菌丝体及分生孢子盘随病残体遗落在土中越冬，或以菌丝体潜伏在种子内或以分生孢子黏附在种子上越冬。以分生孢子作为初侵与再侵接种体，依靠雨水溅射而传播，从伤口或表皮侵入致病。高温多湿的天气及田间环境与储运环境有利于发病，任何使果实损伤的因素都有利于发病，偏施过施氮肥会加重发病，果实越成熟越易发病。

3）防治方法

（1）农业防治　选用抗病品种。开发利用抗病资源，培育抗病高产的新品种。一般辣味强的品种较抗病，可因地制宜选择使用。合理密植，使簇生朝天椒封行后行间不郁闭；避免连作，发病严重地区应与非茄科作物进行轮作2~3年；适当增施磷、钾肥，促使植株生长健壮，提高抗病力；低洼地种植要做好开沟排水工作，防止田间积水，以减轻发病；及时采果，炭疽病菌为弱寄生菌，衰老的、受伤的果实易发病，及时采果可避免发病。果实采收后，清除田间遗留的病果及病残体，集中烧毁或深埋，并进行一次深耕，将表层带菌土壤翻至深层，促使病菌死亡，可减少初侵染源、控制病害的流行。

（2）物理防治　从无病果实采收种子，作为播种材料。如种子有带菌嫌疑，可用55℃温水浸种10分，进行种子处理。

（3）药剂防治　定植前要搞好土壤消毒，结合翻耕，每亩喷洒96%噁霉灵可湿性粉剂3 000倍液50千克，也可撒施70%敌克松或甲霜·锰锌可湿性粉剂2.5千克，杀灭土壤中残留病菌。定植后，每10～15天喷洒1次1:1:200等量式波尔多液，进行保护，防止发病（注意不要喷洒在开放的花蕾和生长点上）。每喷施2次波尔多液，喷施1次5 000倍芸薹素内酯溶液，效果更好。

52. 如何防治簇生朝天椒枯萎病？

1）发病症状　一般多在簇生朝天椒开花、结果期陆续发病。病株下部叶片脱落，茎基部及根部皮层呈水渍状腐烂，根茎维管束变褐，终至全株枯萎。潮湿时病茎表面生白色或蓝绿色的霉状物。通常病程进展缓慢，从发病至枯萎历时十余天至20天以上，据此及其病状有别于细菌性青枯病。

2）发病特点　病菌以菌丝体厚垣孢子在土中越冬，可进行较长时间的腐生生活。在田间，病菌从须根、根毛或伤口侵入，在寄主根茎维管束繁殖、蔓延，并产生有毒物质随输导组织扩散，毒化寄主细胞，或堵塞导管，致叶片发黄。主要通过灌溉水传播，也可随病土借风传播。病菌发育适温24～28℃，最高37℃，最低17℃，遇适宜发病条件病程2周即可造成死株，潮湿或水渍田簇生朝天椒易发病，特别雨后积水，发病更重。土壤偏酸（pH 5～5.6）、连作、移栽或中耕伤根多、植株生长不良等，有利于此病发生。

3）防治方法

（1）农业防治　选用抗病品种。簇生朝天椒与非茄果类作物实行2～3年的轮作，减少病源。重施有机肥，多施磷、钾肥，少施氮肥，避免施用未经充分腐熟的土杂肥。实行高垄栽培。提倡节水、节肥的排灌系统，切忌大水漫灌、浇水时间过长，提高植株根系活力。

(2)药剂防治　坚持“提早防，及早治”的原则。定植及开花结果初期病害发生前，可用铜氨合剂600～800倍液喷防2～3次。

发病初期可用50%多菌灵可湿性粉剂500倍液，或95%噁霉灵可湿性粉剂4 000倍液，或40%双效灵水剂800倍液，也可用70%甲基硫菌灵可湿性粉剂配成1∶50的药土，亩用量1～1.5千克，于定植时施于定植穴中，发病初期用农抗120水剂500倍液加70%甲基硫菌灵可湿性粉剂1 000倍液灌根，每穴灌药量0.15～0.2千克。视病害发生严重程度，连续用药2～3次。

53. 如何防治簇生朝天椒早疫病？

1)发病症状　此病从苗期到成株期均可发生。主要危害叶片、茎秆，苗期发病多在叶尖或顶芽产生暗褐色水渍状病斑，引起叶尖和顶芽腐烂，手感光滑，幼苗上部腐烂后，形成无顶苗，甚至烂至床土面。成株期叶片发病，病斑呈圆形，黑褐色，有同心轮纹，潮湿时有黑色霉层；茎秆受害，有褐色凹陷椭圆形的轮纹斑，表面生有黑霉。

2)发病特点　在郁闭闷湿的条件下极易发病。发病中心多在低洼积水、土壤黏重处。灌水过勤、土壤含水量高发病重；重茬地块、植株长势衰弱时发病重。

3)防治方法

(1)农业防治　选用抗病性强的品种。实行高垄窄畦栽培。双行栽苗于垄上，栽苗高度以灌水时不漫过根基为度。有条件的覆膜栽培。施足底肥，密度适当，合理用水，避免大水漫灌，雨后排水，有条件的实行滴灌可减轻病害发生。实行轮作。重病田与豆科、十字花科等非茄科作物进行2～3年以上轮作。及时摘除病果，清除病残体。

(2)物理防治　种子可以在播种前用55℃温水浸种，但要注意温水浸种时要不停搅拌以防烫伤种子。

(3)药剂防治　培育无病壮苗，苗床消毒可采用：一是用15%噁霉灵水剂800～1 000倍液进行苗床喷雾；二是用3%甲霜·噁霉灵300～500倍液苗床均匀喷雾；三是用80%噁霉·福美双可湿性粉剂2～4克/米^2，对水3～5千克喷淋或拌细土0.5～1千克制成药土，撒于苗床。

发病初期可选用70%烯酰·嘧菌酯或80%烯酰吗啉水分散粒剂2 500倍液,或72%霜脲·锰锌可湿性粉剂500~1 000倍液喷雾,隔7~10天再喷1次,连续喷2~3次。注意不同药剂合理轮换使用,尤其要注意保护性杀菌剂和内吸性杀菌剂之间的交替使用或混用,既可以有效延缓病菌抗药性的产生,又能提高防治效果。

54. 如何防治簇生朝天椒疫病?

1)发病症状　此病苗期及成株期均可发生。主要危害叶片与茎秆。苗期幼茎被害,初呈水渍状暗绿色,后腐烂呈灰褐色或黑褐色僵缩,视幼茎木质化程度,病苗呈猝倒状或立枯状死亡。成株期叶片染病,初呈水渍状暗绿色近圆形小斑,后迅速扩大为不规则黑褐色斑,易腐烂,发病与健康部位分界不明晰。成株期茎秆受害,患部呈水渍状,湿度大时表面出现稀疏粉状白霉,病部以上叶色变淡、萎垂,终呈黑褐色枯萎。果实染病,多从果蒂部开始,呈暗绿色水渍状,果肉软腐,果面出现白色粉状霉,晴天病果失水干缩,果皮变皱,成僵果挂在枝上或脱落。

2)发病特点　病菌以菌丝体、卵孢子在土壤中或病组织中越冬,卵孢子或游动孢子借助灌溉水、雨水溅射而传播,作为初侵染接种体,从孔口或直接侵入致病。发病后病部产生孢子囊及游动孢子(无性态孢子)作为再次侵染接种体,借助雨水溅射侵染致病。病菌发育适温为23~31℃,并需要高湿条件。高温多雨有利于发病,降水量多的年份往往发病重。连作地,低湿排水不良地,土质黏重地,或植地宽畦、低畦、浅沟,或偏施、过施氮肥,或种植过密,或畦面疏于覆盖等易发病。

3)防治方法

(1)农业防治　选用抗病品种,种子严格消毒,培育无菌壮苗;定植前7天和当天,分别细致喷洒2次杀菌保护剂,做到无病苗下地,减少病害发生。

实行轮作、深翻改土,结合深翻,增施有机肥料、磷钾肥和微肥,适量施用氮肥,改善土壤结构,提高保肥保水性能,促进根系发达,植株健壮。加强栽培管理,提高簇生朝天椒植株自身的适应性和抗逆性,提高光合效率,促进植株健壮,调控好植株营养生长与生殖生长的关系,增强抗病能力。

(2)药剂防治　定植前要搞好土壤消毒,结合翻耕,每亩喷洒96%噁霉灵可湿性粉剂3 000倍液50千克,也可撒施70%敌克松或甲霜·锰锌可湿性粉剂2.5千克,杀灭土壤中残留病菌。定植后,每10~15天喷洒1次1:1:200等量式波尔多液进行保护,防止发病(不要喷洒开放的花蕾和生长点)。每喷洒2次波尔多液,喷1次5 000倍芸薹素内酯溶液,效果更佳。

据河南农业职业学院和河南省粮源农业发展有限公司试验,采用75%肟菌·戊唑醇水分散粒剂4 000倍液喷雾防治簇生朝天椒疫病,10天喷施1次,连续防治4次,效果显著,比对照药剂70%代森锰锌可湿性粉剂防效提高14.6%。

55. 如何防治簇生朝天椒白星病?

1)发病症状　主要危害叶片,病斑圆形或椭圆形,边缘深褐色且稍隆起,中央灰白色,其上散生黑色小粒点。

2)发病特点　病菌以分生孢子器在病残体上、混在种子上或遗留在土壤中越冬。第二年条件适宜侵染叶片并繁殖,借风雨传播蔓延进行再侵染,高温高湿条件下易发病。

3)防治方法

(1)农业防治　清洁田园,彻底清除病残体,集中烧毁;与其他非茄果类作物隔年轮作。

(2)药剂防治　发病初期可喷80%代森锌可湿性粉剂700~800倍液,或50%琥胶肥酸铜可湿性粉剂500倍液,或30%碱式硫酸铜悬浮剂500~600倍液,或50%扑海因可湿性粉剂1 500倍液喷雾防治,每7天喷施1次,连续防治2~3次。

56. 如何防治簇生朝天椒根腐病?

1)发病症状　定植前后的幼苗易发病。主要危害茎基部及维管束,病株部分枝和叶片变黄萎蔫,茎内维管束褐变,湿度大或生育后期茎基部或根茎部腐烂,皮层易剥离或自行脱落,终致植株萎蔫、枯死。有时可见粉红色菌丝及点状黏质物。

2）发病特点　病菌以厚垣孢子、菌核或菌丝体在土壤中越冬，成为翌年主要初侵染源，病菌从根茎部或根部伤口侵入，通过雨水或灌溉水进行传播和蔓延。地势低洼、排水不良、田间积水、连作、植株根部受伤的田块发病严重。

3）防治方法

（1）农业防治　避免施用未经充分腐熟的土杂肥。小水勤浇，既保证簇生朝天椒水分的供应，又避免根系正常呼吸受阻。

（2）药剂防治　用10%双效灵水剂300倍液或如金根腐专用菌80～100倍液进行灌根，隔7～10天施药1次，连续防治2～3次。

57. 如何防治簇生朝天椒茎基腐病？

1）发病症状　多在幼苗定植后发生。茎基部发生暗褐色不规则病斑，向左右、上下扩展，使茎基部皮层坏死，缢缩变细，地上部叶片萎蔫变黄，整株枯死。

簇生朝天椒进入初花期，植株生长加快，加上气温多变，连绵阴雨，易感茎基腐病，从大苗开始发生，定植后更加严重。表现为在茎基部近地面处发生病斑，绕茎基部发展，致皮层腐烂，地上部叶片逐步变黄，因营养与水分供应不上而逐渐萎蔫枯死。发生的原因是土壤潮湿，同时连作造成病菌积累，茎基部因农事操作产生伤口致使病菌侵入等。

2）发病特点　病菌以菌丝或菌核在土中越冬，腐生性强，能在土中存活2～3年，发育适温20～40℃，最高42℃，最低14～15℃，在适宜的环境条件下，直接侵入危害。苗床温暖潮湿，通风不畅，幼苗徒长，生长衰弱，均易引起病害发生。

3）防治方法

（1）农业防治　选择排水良好的地方种植，处理好排水工作，挖好排水沟，雨后及时排除田间积水。在幼苗后要注意多施磷、钾肥，切忌偏施氮肥，以增强抗病能力。

（2）药剂防治　发病初期，用青枯立克（0.5%小檗碱水剂）100～150毫升＋大蒜油15毫升＋根基宝50毫升对水15千克进行灌根（同时喷雾效果更佳）连用2～3次，3天施药1次；病情控制后，转为预防。发病中期，用青枯立克150～200毫升＋大蒜素15毫升＋根基宝50毫升对水15千克进行灌根（同时喷雾效果更佳）连用2～3次，3天施药1次；病情控制后，转为预防。

58. 如何防治簇生朝天椒疮痂病？

1）发病症状　该病又称细菌性斑点病，主要危害叶片、茎秆和果实，幼苗染病。叶片染病，初生水渍状黄绿色或黄褐色小斑点，近圆形或不规则形，边缘暗褐色，稍隆起，中部色浅，稍凹陷，表面粗糙像疮痂，有时病斑反面有黄褐色菌脓，受害严重时，病斑连片、破裂，最后叶片脱落，有时叶片畸形。

茎枝染病，初为水渍状不规则条斑或斑块。扩展后互相连接，呈暗褐色，隆起，纵裂呈疮痂状。

果实染病，初生褐色隆起小点，渐扩大成1～3毫米的稍隆起的近圆形或长圆形黑色疮痂斑，病斑边缘有裂口，有水浸状晕环，潮湿时，可溢出菌脓。茎部染病，生水渍状暗褐色条斑，病斑稍隆起，纵裂呈溃疡状疮痂斑。

2）发病特点　病原为细菌，主要在种子上或随病残体遗落在土中越冬。病菌借助灌溉水、雨或昆虫而传播，从气孔或伤口侵入致病。高温多湿，尤其在台风或风雨频繁的年份和季节有利于发病。地势低湿，通透不良，或偏施氮肥，或植株生长势差等，易发病。

3）防治方法

（1）农业防治　深翻土壤，加强松土、追肥，促进根系发育，提高植株抗病力，并注意氮、磷、钾肥的合理搭配，提倡施用充分腐熟的有机肥或草木灰、生物菌肥。高垄栽培，避免田间积水，雨后及时排水。实行轮作，与非茄科蔬菜轮作2～3年。

（2）药剂防治

种子消毒。种子先用冷水浸2～3小时后，用55℃温汤浸种或用0.1%高锰酸钾溶液浸种5分，洗净药剂后，再浸泡10小时左右，然后催芽播种。

发病初期，可用3%中生霉素可湿性粉剂800倍液或20%龙克菌悬浮剂500～700倍液，或20%噻菌铜悬浮剂700倍液喷雾防治，隔7～8天1次，连续防治2～3次。

59. 如何防治簇生朝天椒沤根?

1)发病症状　沤根非病理性病害,而是一种生理性病害。病初白天萎蔫,早、晚复原,容易拔出、根部不发新根和不定根,根皮发锈,须根或主根部分或全部变褐色至腐烂。

2)发病特点　簇生朝天椒生长发育适温 20～30℃,适宜地温为 25℃,温度越低生长越差,低于 18℃根的生理机能下降,生长不良,到 8℃时根系停止生长,此间低温持续时间长、连阴天多光照不足或湿度大就会发生沤根。

3)防治方法　定植后加强水分管理,采用滴灌或畦面泼浇,雨后及时排水,适时松土以利提高地温,促进幼苗逐渐发出新根。

60. 如何防治簇生朝天椒病毒病?

1)发病症状　在簇生朝天椒整个生育期内均可能发病,而且是多种病毒复合侵染,症状较为复杂,主要危害叶子和果实。常见的发病症状有 3 种类型:第一种表现为花叶型,开始时植株心叶叶脉失绿,叶出现明显黄绿相间的花斑,逐渐形成深浅不均的斑驳、叶面皱缩,或产生褐色坏死斑;第二种表现为丛簇型,染病后幼叶狭窄、严重时呈线状,后期植株上部节间短缩呈丛簇状;第三种表现为条斑型,染病后叶片主脉呈褐色或黑色坏死,沿叶柄扩展到侧枝和主茎,出现系统坏死条斑,常造成早期的落叶、落花、落果,严重时整株枯死。

果实染病,果面出现黄绿不均的花斑、紫色条斑,严重时果实僵化,形成疣状突起,干制时形成花皮椒。

2)发病特点　已发现的簇生朝天椒病毒病病原有黄瓜花叶病毒、马铃薯 Y 病毒、苜蓿花叶病毒、辣椒斑驳病毒、烟草蚀纹病毒、马铃薯 X 病毒和蚕豆萎蔫病毒。主要由蚜虫(桦赤蚜等)、白粉虱传播,经由汁液接触传播侵染。通常高温干旱,蚜虫、白粉虱、烟粉虱、蓟马等盛发时危害严重;多年连作,低洼地,缺肥或施用未腐熟的有机肥,均可加重病毒病的危害。

3)防治方法

(1)农业防治　选用抗病品种。清洁田园,避免重茬,可与葱蒜类、豆科和十字花科蔬菜进行3~4年轮作。

(2)物理防治　利用银灰色膜避蚜、黄板诱蚜。

(3)药剂防治　搞好种子消毒。用10%磷酸三钠溶液浸泡种子消毒,播种前先用温水浸泡3~4小时,再放入磷酸三钠溶液中浸泡20~30分,然后用清水淘洗干净,捞出沥去多余水分后播种催芽。

苗期注意防止日灼,勤浇小水,定植前10~15天喷洒25%助壮素水剂2 500倍液,以防止徒长,促矮壮,增强对病毒的抵抗力。

用25%噻虫嗪水分散粒剂1 500~7 500倍液提前3~5天灌苗盘或灌根,可防治蚜虫、白粉虱、蓟马等害虫,有效期可达20~30天,并能促苗壮根,提高对病毒病的抗性。

定植前1~3天,对秧苗进行喷药预防,2%宁南霉素水剂300倍液混加20%吗胍·乙酸铜可湿性粉剂500倍液,混加芸薹素内酯6 000倍液,连续喷施2~3次,防病效果良好。

发病初期可用1.5%植病灵乳剂800~1 000倍液,或40%杀毒宝可湿性粉剂600~700倍液喷雾。也可采用2%香菇多糖500~600倍液喷洒。每7天喷洒1次,连喷3~4次。

61. 如何防治簇生朝天椒日灼病?

1)发病症状　日灼病非病理性病害,是一种生理性病害,主要发生于果实。被害果实向阳面发生大片脱色病斑,病斑变干后呈革质状,变薄,组织坏死,变硬,还可被其他腐生菌侵染,出现褐色或黑色霉层而致果腐。

2)发病特点　由于果实受强烈日光照射所致。果面暴晒在阳光下,使果实局部受热,表皮细胞被灼伤而发生日灼。早晨果面出现露珠,阳光直射经水珠聚光作用,灼伤果实表面细胞,易诱发日灼病。通常土壤缺水或天气过度干热,或雨后暴热,或植株密度过稀,或当簇生朝天椒受病毒病、蚜虫及螨类危害等,皆易诱发日灼。

3)防治方法　在高温地区因地制宜地引种耐热、耐旱品种。实行南北向栽培,合理密植，合理整枝，使果面尽可能少受阳光直射。加强肥水管理，使枝叶繁茂，壮而不过旺，稳生稳长，增强抗逆力。

62. 如何防治棉铃虫？

1）危害特点　以幼虫蛀食蕾、花、果为主，也危害嫩茎、叶和芽。花蕾受害时，苞叶张开，变成黄绿色，2～3天后脱落。幼果常被吃空或引起腐烂而脱落，成果虽然只被蛀食部分果肉，但因蛀孔在蒂部，便于雨水、病菌侵入引起腐烂，果实大量被蛀会导致果实腐烂脱落，造成减产。

2）形态特征　成虫体长14～18毫米，翅展30～38毫米，灰褐色。前翅中有一环纹褐边，中央有一褐点，其外侧有一肾状纹褐边，中央有一深褐色肾形斑；肾状纹外侧为褐色宽横带，端区各脉间有黑点。后翅黄白色或淡褐色，端区褐色或黑色。卵直径约0.5毫米，半球形，乳白色，具纵横网络。老熟幼虫体长30～42毫米，体色变化很大，由淡绿至淡红至红褐乃至黑紫色。头部黄褐色，背线、亚背线和气门上线呈深色纵线，气门白色。两根前胸侧毛连线与前胸气门下端相切或相交。体表布满小刺，其底座较大。蛹长17～21毫米，黄褐色。腹部第五至第七节的背面和腹面有7～8排半圆形刻点。臀棘2根。

3）防治方法

（1）农业防治　冬前翻耕土地，浇水淹地，减少越冬虫源。根据虫情测报，在棉铃虫产卵盛期，结合整枝，摘除虫卵烧毁。

（2）药剂防治　当百株卵量达20～30粒时即应开始用药，如百株幼虫超过5头，应继续用药。一般在果实开始膨大时开始用药，每周1次，连续防治2～3次。可用20%溴灭菊酯乳油3 000倍液，或2.5%溴氰菊酯乳油2 000倍液，或20%氰戊菊酯乳油2 000倍液喷雾。成虫产卵高峰后3～4天，喷洒苏云金杆菌HD－1或核型多角体病毒，使幼虫感病而死亡，连续喷2次，防效最佳。

63. 如何防治烟青虫？

1）危害特点　以幼虫蛀食花蕾、果实，也危害茎、叶和芽。果实被蛀引起腐烂而大量落果,是造成减产的主要原因,严重时蛀果率达30%以上。

2)形态特征　成虫体长15～18毫米,翅长24～33毫米,体色较黄,前翅正面肾状纹、环状纹及各横线清晰,中横线向后斜伸,但不达环状纹正下方,后翅黑褐色宽带内侧有一条平行线。腹部黄褐色,腹面一般无黑色鳞片。卵扁半球形,高约0.4毫米,宽约0.45毫米,卵孔明显,卵壳上有网状花纹,老熟幼虫体长40～50毫米,体表密布不规则的小斑块及圆锥状短而钝的小刺,两根前胸侧毛的连线远离前胸气门下端。蛹赤褐色,长17～20毫米,体前段显得粗短,气门小而低,很少突出。

3)防治方法

(1)农业防治　及时摘除被蛀食的果实,以免幼虫转果危害。

(2)药剂防治　可用90%晶体敌百虫800倍液、25%氟氰菊酯水乳剂4 000倍液、20%杀灭菊酯乳油3 000倍液开花前和坐果初期喷雾。

64. 如何防治白粉虱?

1)危害特点　成虫和若虫吸食植物汁液,被害叶片失绿、变黄、萎蔫,甚至全株枯死。此外,由于其繁殖力强,繁殖速度快,种群数量庞大,群聚危害,并分泌大量蜜液,严重污染叶片和果实,往往引起煤污病的大发生,使果实失去商品价值。

2)形态特征　成虫体长0.9～1.4毫米,淡黄白色或白色,雌雄均有翅,全身披有白色蜡粉,雌虫个体大于雄虫,其产卵器为针状。白粉虱蛹壳卵形或长椭圆形,长约1.64毫米,宽约0.74毫米,有时蛹壳大小变化很大,淡黄色半透明或无色透明。背盘区中央稍向上隆起,整个蛹壳面覆盖白色棉状蜡丝。

3)防治方法

(1)物理防治　成虫对黄色有较强的趋性,可用黄色粘虫板诱杀成虫,但不能杀卵,易复发。

(2)药剂防治　10%吡虫啉可湿性粉剂2 000倍液、3%啶虫脒乳油1 500倍液、24%螺虫乙酯悬浮剂1 500～2 500倍液、10%烯啶虫胺水剂1 000～2 000倍液喷雾防治。

65. 如何防治蚜虫?

1)危害特点 常群集于叶片、嫩茎、花蕾、顶芽等部位,刺吸汁液,使叶片皱缩、卷曲、畸形,严重时引起枝叶枯萎甚至整株死亡。蚜虫分泌的蜜露还会诱发煤污病、病毒病并招来蚂蚁危害等。

2)形态特征 目前已经发现的蚜虫共有10个科约4 400种,蚜虫的大小不一,身长1~10毫米不等。前翅4~5斜脉,触角次生感觉圈圆形,腹管管状。

3)防治方法

(1)农业防治 地表覆盖银灰色塑料薄膜或黑色膜,以驱避蚜虫。

(2)物理防治 用黄色粘蚜板诱蚜,有翅成蚜对黄色、橙黄色有较强的趋性,黄板的大小一般为15~20厘米见方,插或挂于蔬菜行间并与蔬菜持平。

(3)药剂防治 3%啶虫脒乳油,每亩用量15~20毫升或10%吡虫啉可湿性粉剂10~20克,加水30~40千克,或1.8%阿维菌素乳油2 000倍液+2.5%联苯菊酯乳油1 500倍液喷雾兼防红蜘蛛。

66. 如何防治茶黄螨?

1)危害特点 成、幼螨集中在簇生朝天椒的幼芽、嫩叶、花、幼果等幼嫩部位刺吸汁液,尤其是尚未展开的芽、叶和花器。被害叶片增厚僵直、变小或变窄,叶背呈黄褐色、油渍状,叶缘向下卷曲。幼茎变褐,丛生或秃尖。花蕾畸形,果实变褐色,粗糙,无光泽,出现裂果,植株矮缩。由于虫体较小,肉眼常难以发现,且危害症状又和病毒病或生理病害相似,生产上要注意辨别。

2)形态特征 卵长约0.1毫米,椭圆形,灰白色,半透明,卵面有6排纵向排列的泡状突起,底面平整光滑。幼螨近椭圆形,躯体分3节,足3对。若螨半透明,菱形,是静止阶段,被幼螨表皮所包围。雌成螨长约0.21毫米,体躯阔卵形,体分节不明显,淡黄至黄绿色,半透明有光泽。足4对,沿背中线有一白色条纹,腹部末端平截。雄成螨体长约0.19毫米,体躯近六角形,淡黄至黄绿色,腹末有锥台形尾吸盘,足较长且粗壮。

3)防治方法

(1)农业防治　消灭越冬虫源,铲除田边杂草,清除残株败叶。

(2)药剂防治　发生初期可选用35%杀螨特乳油1 000倍液或73%炔螨特乳油1 000倍液,或20%复方浏阳霉素1 000倍液进行喷雾,一般每隔7~10天喷1次,连喷2~3次,喷药重点主要是植株上部嫩叶、嫩茎、花器和嫩果,注意轮换用药。

67. 如何防治红蜘蛛?

1)危害特点　主要危害簇生朝天椒的叶、茎、花、果实,使受害部位水分减少,表现失绿变白,叶表面呈现密集苍白的小斑点,叶面变为灰白色,卷曲发黄等现象,植株生长减慢、长势弱、挂果少、果实小、品质差,直至不结果,矮缩枯死。

2)形态特征　红蜘蛛为螨类害虫。雌成螨体两侧有黑斑,椭圆形,深红色。卵圆球形,光滑,越冬卵红色,非越冬卵淡黄色,较少。幼螨近圆形,有足3对。若螨,有足4对,体侧有明显的块状色素。

3)防治方法

(1)农业防治　铲除田边杂草,保持田间卫生,及时摘除枯枝、老叶和有虫叶并集中烧毁。适时浇水施肥,保持田间适当湿度。

(2)药剂防治　可用3.3%阿维·联苯菊酯乳油800倍液,或5%噻螨酮乳油4 000~6 000倍液喷雾,打药时喷头斜向上喷叶背面,5~7天施药1次,连续防治2~3次。

68. 如何防治蓟马?

1)危害特点　蓟马以成虫和若虫锉吸植株幼嫩组织(枝梢、叶、花、果实等)汁液,被害的嫩叶、嫩梢变硬卷曲枯萎,叶面形成密集小白点或长形条斑,植株生长缓慢,节间缩短。嫩果被害后会硬化,严重时造成落果,严重影响产量和品质。

2)形态特征　体长0.5~2毫米,黑色、褐色或黄色;头略呈后口式,口器锉吸式,能锉破植物表皮,吸吮汁液;触角6~9节,线状,略呈念珠状,一些节上有感觉器;翅狭长,边缘有长而整齐的缘毛,脉纹最多有两条纵脉;足的末端有泡状的中垫,爪退化;雌性腹部末端圆锥形,腹面有锯齿状产卵器,或呈圆柱形,无产卵器。

3)防治方法　点片发生时可用10%吡虫啉可溶剂3 000倍液或25%噻虫嗪水分散粒剂1 500倍液,或5%啶虫脒可湿性粉剂2 500倍液,或1.8%阿维菌素乳油3 000倍液均匀喷雾。如果没有覆盖地膜,药剂最好同时喷雾植株中下部和地面,因为这些地方是蓟马若虫栖息地。同时用25%噻虫嗪水分散粒剂3 000~5 000倍灌根效果更佳。

69. 如何防治蛴螬?

1)危害特点　在地下啃食萌发的种子、咬断幼苗根茎,致使全株死亡,严重时造成缺苗。

2)形态特征　蛴螬体肥大,体形弯曲呈"C"形,多为白色,少数为黄白色。头部褐色,上颚显著,腹部肿胀。体壁较柔软多皱,体表疏生细毛。头大而圆,多为黄褐色,生有左右对称的刚毛,刚毛数量的多少常为分种的特征。如华北大黑鳃金龟的幼虫为3对,黄褐丽金龟幼虫为5对。蛴螬具胸足3对,一般后足较长。腹部10节,第十节称为臀节,臀节上生有刺毛。

3)防治方法

(1)农业防治　不施未腐熟的有机肥料;精耕细作,清除田间杂草。

(2)物理防治　有条件地区,可设置黑光灯诱杀成虫,减少蛴螬的发生数量。

(3)药剂防治　用50%辛硫磷乳油每亩200~250克,加水10倍喷于25~30千克细土上拌匀制成毒土,顺垄条施,随即浅锄,或将该毒土撒于种沟或地面,随即耕翻或混入厩肥中施用。

70. 如何防治蝼蛄?

1)危害特点　蝼蛄食性复杂,危害谷物、蔬菜及树苗。营地下生活,对作物幼苗伤害极大,咬食幼苗根部,是重要地下害虫。通常栖息于地下,夜间和清晨在地表下活动。潜行土中,形成隧道,使作物幼根与土壤分离,因失水而枯死。

2)形态特征　体狭长。头小,圆锥形。复眼小而突出,单眼2个。前胸背板椭圆形,背面隆起如盾,两侧向下伸展,几乎把前足基节包起。前足特化为粗短结构,基节特短宽,腿节略弯,片状,胫节很短,三角形,具强端刺,便于开掘。内侧有一裂缝为听器。前翅短,雄虫能鸣,发音镜不完善,仅以对角线脉和斜脉为界,形成长三角形室;端网区小,雌虫产卵器退化。

3)防治方法

(1)农业防治　施用充分腐熟的有机肥料,可减少蝼蛄产卵。

(2)物理防治　一般在闷热天气,晚上 8~10 点用黑光灯诱杀。

(3)化学防治　做苗床前,50%辛硫磷颗粒剂用细土拌匀撒施土表再翻入土内,用量 5 千克/亩。用 90%敌百虫原药 1 千克加饵料 100 千克,充分拌匀后撒于苗床上,可兼治蝼蛄和蛴螬及地老虎。

71. 如何防治小地老虎?

1)危害特点　主要以幼虫危害植株近地面的茎部,幼虫行动敏捷,有假死习性,对光线极为敏感,受到惊扰即蜷缩成团,白天潜伏于表土的干湿层之间,夜晚出土从地面将幼苗植株咬断拖入土穴,或咬食未出土的种子,幼苗主茎硬化后改食嫩叶和叶片及生长点。

2)形态特征　卵,馒头形,直径约 0.5 毫米,高约 0.3 毫米,具纵横隆线。初产乳白色,渐变黄色,孵化前卵一顶端具黑点。蛹,长 18~24 毫米,宽 6~7.5 毫米,赤褐色,有光。口器与翅芽末端相齐,均伸达第四腹节后缘。腹部第四至第七节背面前缘中央深褐色,且有粗大的刻点,两侧的细小刻点延伸至气门附近,第五至第七节腹面前缘也有细小刻点;腹末端具短臀棘 1 对。幼虫,圆筒形,老熟幼虫体长 37~50 毫米,宽 5~6 毫米。头部褐色,具黑褐色不规则网纹;体灰褐至暗褐色,体表粗糙,布大小不一而彼此分离的颗粒,背线、亚背线及气门线均黑褐色;前胸背板暗褐色,黄褐色臀板上具两条明显的深褐色纵带;腹部 1~8 节背面各节上均有 4 个毛片,后 2 个比前 2 个大 1 倍以上;胸足与腹足黄褐色。成虫,体长 17~23 毫米,翅展 40~54 毫米。头、胸部背面暗褐色,足褐色,前足胫、跗节外缘灰褐色,中后足各节末端有灰褐色环纹。前翅褐色,前缘区黑褐色,外缘以内多暗褐色;基线浅褐色,黑色波浪形内横线双线,黑色环纹内有一圆灰斑,肾状纹黑色具黑边,其外中部有一楔形黑纹伸至外横线，中横线暗褐色波浪形，双线波浪形外横线褐色，不规则锯齿形亚外缘线灰色，其内缘在中脉间有 3 个尖齿，亚外缘线与外横线间在各脉上有小黑点，外缘线黑色，外横线与亚外缘线间淡褐色，亚外缘线以外黑褐色。后翅灰白色，纵脉及缘线褐色，腹部背面灰色。成虫对黑光灯及糖、醋、酒等趋性较强。

3）防治方法

（1）农业防治　早春清除菜田及周围杂草，防止小地老虎成虫产卵。如发现 1 ~ 2 龄幼虫，则应先喷药后除草，以免个别幼虫入土隐蔽。清除的杂草，要远离菜田，沤粪处理。

（2）物理防治　糖醋液诱杀成虫：糖 6 份、醋 3 份、白酒 1 份、水 10 份、90% 敌百虫 1 份调匀，在成虫发生期每亩设置 6 ~ 8 个点。

（3）药剂防治　小地老虎 1 ~ 3 龄幼虫期抗药性差，且暴露在寄主植物或地面上，是药剂防治的适期，可用 2.5% 溴氰菊酯乳油或 20% 戊氰菊酯乳油 3000 倍液，或 90% 晶体敌百虫 800 倍液，或 50% 辛硫磷乳油 800 倍液喷雾防治。

七、簇生朝天椒加工技术

辣椒是重要的佐餐食品，适当食用有温中散寒、除湿、促进胃液分泌、增进食欲、促进血液循环、增强机体抗病能力的功效，人们为了常年食用，通过不同的加工方法开发了众多辣椒制品。

本部分主要介绍辣椒粉、辣椒油、辣椒砖、辣椒酱、泡菜辣椒等簇生朝天椒初加工产品的加工技术，以及辣椒红素、辣椒碱等深加工产品的提取技术。

72. 如何加工辣椒粉?

将新鲜簇生朝天椒果实放入底部可通风的晒盘或芦席上暴晒,有条件的可入烘房干制,晒(烘)干后,用粉碎机或石碾压成料末,分袋包装。可作各种酱菜调料,也可上市出售。

73. 如何制作辣椒油?

取纯净优质干红簇生朝天椒10千克,去籽切碎,碾成辣椒面,放入耐热容器中,香油30千克,放另一锅中,加热沸腾后,逐渐加入辣椒面中,边加入边搅拌,油全部加入辣椒面中后,再加入0.5千克的酱油,迅速搅动,促其脱色并防止油溢出,然后盖严,使辣味素完全溶出,10分后除去辣椒,油温降至35℃时,再加入未加热的香油20千克,味精62.5克,白胡椒粉62.5克,及少量花椒、茴香、砂仁、丁香等作料搅匀。油温降至25℃时,用200目细罗过滤,静置缸中沉淀,春秋季需要7天,夏季5天,冬季10天,待杂质沉淀后,上部清液即成辣椒油。

制作辣椒油时,要将辣椒籽除去,否则易产生苦味。香油加热的目的是促进辣味素溶出,但加热后香味减弱,故不宜全部加热。

74. 如何制作辣椒砖?

辣椒砖又叫香椒块,是用簇生朝天椒粉、大豆、芝麻等为原料,另加调味品加工压制而成,呈砖块状,食用时用温水泡开即可。做法是将优质簇生朝天椒果实磨成粉,黄豆、芝麻分别炒熟碾碎,按簇生朝天椒60%、黄豆15%、芝麻15%,再加入10%的食盐、胡椒粉等调料,混匀后用熟酱油调湿,装入模具内,压成块,烘干,再用透明玻璃纸封装入盒。

75. 如何制作辣椒酱?

辣椒酱类以新鲜的红辣椒为主要原料,清理杂质后洗净,剁碎或绞碎,或再磨浆,加入适量食盐、调味品(花椒粉、茴香粉、胡椒粉、生姜、豆瓣酱、芝麻等,或再加入适量食糖、柠檬酸等风味成分),入缸搅拌均匀,每天搅拌1次,7~15天即可。

制作要点:①配料要合适,保证适口性;②缸和原料要洗净,腌制过程中应注意遮盖,以免污染;③保证腌制时间,各种风味的汇合、协调需要一定时间,也需要一定程度的乳化发酵来增进风味。另外,还可以用辣椒粉为原料制作辣椒酱。

76. 如何制作泡菜辣椒?

以新鲜的青辣椒或红辣椒为原料,清理杂质后洗净,整个辣椒或将辣椒剁碎,加入适量食盐、调味品(花椒、茴香、胡椒、生姜、白酒、黄酒等)、氯化钙和适量水,装入泡菜坛子密封,进行乳化发酵。在20~25℃温度下,7天左右即可制成熟食品。其中,适当浓度的食盐、微生物产生的乳酸和多种具有防腐作用的调味品及香料起保藏作用,并能增进制品的风味。

制作要点:泡菜以脆为贵,一定要加氯化钙保脆;坛子要洗净并用开水消毒且要装满,尽量少留空隙,保证坛子的密封状态,以防好气性微生物活动;忌油,油漂在上面,被好气性微生物分解会产生臭味。

77. 如何提取辣椒红素?

辣椒红素是从红辣椒中提取出的天然色素。因其色调鲜艳、热稳定性好、安全可靠并具药理作用,不仅被认为是一种理想的天然食品着色剂,而且被广泛应用于制药行业,如片剂的包衣着色等。国外早已生产辣椒红素,且美国、英国、加拿大、日本等国处于领先地位。国内主要将其应用于罐头食品和糕点上彩装、酱料、冰淇淋、饼干、糖果、熟肉制品、人造蟹肉、饲料、保健药品、化妆品等方面的生产。辣椒红素又名椒红素、辣椒红。纯的辣椒红素为深胭脂红色针状晶体,易溶于极性大的有机溶剂,与浓无机酸作用显蓝色。

用于食品添加剂等方面的辣椒红素为暗红色油膏状,有辣味,无不良气味。其主要成分为辣椒红素、类胡萝卜素、辣椒碱和植物油等,不溶于水,易溶于植物油和乙醇,呈中性,pH 5~7,在pH 3~12使用时,色彩不变化,耐光性尚好,耐热性较好,耐酸碱,耐氧化,在200℃的油中色度基本稳定,染着性较差,Fe^{3+},Cu^{2+},Co^{2+},可促使其褪色,遇铅可形成沉淀。

常见的提取辣椒红素的方法大致可分为3种:油溶法、溶剂法和超临界流体萃取法。

1)*油溶法* 油溶法是用常温下呈液状的食用油如棉籽油、豆油、菜籽油等浸渍辣椒果皮或干辣椒粉,使辣椒红素溶解在食用油中,然后通过一定方法从食用油中提取出辣椒红素。用该法油与色素分离困难,且难以得到浓稠产品。

2)*溶剂法* 溶剂法是将去除坏椒杂质的干辣椒磨成粉后,用有机溶剂如乙醇、乙醚、氯仿、三氯乙烷、正己烷等进行浸提,将浸提液浓缩得到粗辣椒油树脂减压蒸馏得到的产品。但此法所得产品含杂质多,同时还带有辣椒特有的异味,使其应用范围大大减小,为此,需采用多种改进方法以消除其杂质和异味。

方法一:先将所得的粗辣椒油树脂进行水蒸气蒸馏,以馏出其辣椒异臭味,再用碱水处理、有机溶剂提取、蒸馏,得到辣椒红素。或先用碱水处理辣椒油树脂,然后用溶剂提取,浓缩,添加与油溶法相同的食用油,再用水蒸气蒸馏以除去异味。

方法二:在辣椒油树脂中加入脂肪醇与碱性物质,如甲醇-甲醇钠、乙醇-乙醇钠、正丙醇-正丙醇钠、异丙醇-异丙醇钠、丁醇-丁醇钠等,这些碱性物质可做催化剂,促使辣椒油树脂中的脂肪成分发生酯交换反应,然后蒸除过量的醇,残渣中加入水或食盐水,用酸调至中性,分层,油层中加入非极性或低极性溶剂(如正己烷、石油醚、二氯乙烷、乙醚、二硫化碳等)析出固体,过滤,得到辣椒红素。该法是利用酯交换反应除去辣椒红素中的杂质,产品质量上乘,基本无异味。

方法三:该法是先以15%~40%的氢氧化钠(NaOH)或氢氧化钾(KOH)水溶液处理辣椒油树脂,使辣椒红素中的脂肪成分发生皂化反应,再用有机溶剂如丙酮进行提取,浓缩,然后用水蒸气蒸馏或减压下用惰性气体处理,可得到无异味的辣椒红素。本法采用皂化法除去原料中的脂肪成分,并用水蒸气蒸馏或用惰性气体处理除去异味,所得产品收率高、质量好,生产安全,简便易行。

方法四:该方法是以20%的氢氧化钠或氢氧化钾等碱性金属化合物处理辣椒油树脂,然后再加入适量的碱土金属化合物,使其形成一个水溶液体系。该水溶液体系以稀酸(稀酸与碱金属化合物的物质的量的比为(1~1.1):1,在室温下处理,形成盐后,过滤,分出固体，水洗，然后再用有机溶剂提取，减压浓缩可得辣椒红素。该法是将辣椒油树脂中的脂肪酸转变成不溶或难溶于水和有机溶剂的形态，脂肪酸类成分不再混入有机相中，简化了提取操作，提高了提取率，产品质地优良无异味。

3）超临界二氧化碳（CO_2）流体萃取法　用溶剂法提取辣椒红素，由于原料成分复杂，溶剂的选择性差，所得产品纯度差且有异味，必须将产品浸膏进一步脱臭精制，方可应用。但由于异味物质和色素成分性质接近，用一般分离或分解方法，操作复杂且很难得到高纯度的辣椒红素。在日本有研究利用超临界 CO_2 从浸膏中脱除异味成分并取得小试成功，并由小试扩大至中试。其中试规模较大，由一个 100 升的萃取槽和两个分离槽构成，实验处理辣椒红浸膏和 CO_2 总量分别为 500 千克和 2 010 千克。中试主要研究物料的发泡和消除、异味成分与色素成分的进一步分离等。实验条件是：萃取温度为 40～60℃，萃取压力 11.76～15.68 兆帕，最高达 19.6 兆帕，分离槽压力分别为 7.35 兆帕和 3.92 兆帕，处理浸膏为 20～50 千克/批。结果表明：浸膏中的异味成分可通过调整操作条件用超临界 CO_2 脱除。浸膏中的红色色素和黄色色素用超临界 CO_2 萃取只能获得一定程度的分离。本法是一种先进的提取方法，但有待进一步完善。经过进一步改进，可用超临界 CO_2 流体萃取工艺直接从辣椒中（而不是从浸膏中）提取不含异味成分和黄色色素的优质辣椒红素，并能克服有机溶剂浸取法不能用于含有较多异味成分的红辣椒中辣椒红素提取的缺点。

78. 如何制备辣椒碱？

辣椒碱，化学学名为 N－香兰素基－正－壬酰胺或壬酸香草酰胺，是辣椒中的辣味成分——辣椒碱类物质，已知的约有 19 种成分，其中最主要的是辣椒碱，其次是二氢辣椒碱，其余为降二氢辣椒碱、高辣椒碱、高二氢辣椒碱等少量的辣椒碱同系物，其中辣椒碱和二氢辣椒碱占总量 90% 以上，其余仅占少量。

辣椒碱具有生理活性和持久的强消炎镇痛作用，在食品、化学工业中作为添加剂和医药工业中作为镇痛剂已得到广泛使用。

以下介绍一种高纯度辣椒碱的制备方法。

第一步：在辣度为 20%～30% 的辣椒油树脂中加入 20% 的氢氧化钠溶液，加入比例为原料重量的10% ~30%,得到混合液。

第二步:将混合液在60~70℃的温度下,连续搅拌2~3 小时进行皂化反应,得到皂化液。

第三步:将皂化液直接装入超临界萃取釜内依次进行一级萃取和二级萃取,一级萃取压力为10~15 兆帕,萃取温度30~40℃,萃取时间3 小时;一级萃取完成后,将分离物放出,继续升高萃取釜的压力,再进行二级萃取,二级萃取压力25~30 兆帕,萃取温度55~60℃,萃取时间6~10 小时。在萃取釜内得到高辣度辣椒油树脂,分离器内得到脱色辣椒精。

第四步:向高辣度辣椒油树脂中加入75% ~80%的醇溶液,在40~50℃条件下搅拌30 分,缓慢降温至-10~0℃,降温时间为0.5~1 小时,结晶5~10 小时,过滤分离,干燥,得到纯度大于98%的高纯辣椒碱晶体;醇溶液为乙醇水溶液或甲醇水溶液,其加入体积为高辣度辣椒油树脂重量的2~5 倍,所述体积单位为升,所述重量单位为千克。

本法所得的辣椒碱晶体纯度大于98%,产品辣度得率大于70%。超临界二级萃取分离物可作为脱色辣椒精直接使用,基本无辣度损失。该工艺操作简单,易于实现连续化工业生产。

八、簇生朝天椒良种繁育技术

本部分主要介绍簇生朝天椒常规品种繁种技术、“三系”杂交育种及亲本扩繁技术等内容。

79. 常规品种繁种的意义有哪些?

一些优良的簇生朝天椒地方品种独具特色,深受消费者的喜爱。虽然常规品种在产量和抗病性方面与杂交品种有一定差距,但簇生朝天椒常规品种也有自己的优点,如品质好,易干制等,目前在生产上仍然占有相当大的比例。簇生朝天椒常规品种繁种相对杂交品种来说具有技术简单、成本较低的特点。

80. 常规品种繁种如何选择原种?

应选用原种生产的籽粒饱满、纯度高、出芽率高的种子作为原种。

81. 常规品种繁种如何确定播期?

甘肃地区一般在 2 月下旬播种,4 月下旬定植。海南地区一般在 9 月下旬至 10 月上旬播种,10 月下旬定植。河南地区小规模繁种可在 2 月中下旬播种,4 月中下旬定植。

82. 常规品种繁种如何播种定植?

采用穴盘育苗方式培育壮苗。繁种田应选择排灌良好的肥沃壤土或沙壤土地块,与其他辣椒繁种田和生产田隔离 500 米以上。与常规栽培相比,制种田生长期长,需肥量大,要施足底肥。定植前深耕细耙,一般每亩施腐熟有机肥 4 000 ~ 5 000 千克,三元复合肥 50 千克。根据植株开展度来确定合理的株距和每亩定植株数。其他措施同常规栽培。

83. 常规品种繁种如何进行田间管理?

1)植株整理　每株一般留 5 ~ 6 个健壮侧枝,其余的侧枝应尽早去除,以便果实和种子充分发育。

2)肥水管理　施肥要做到苗期淡,花期稳,盛果期重。缓苗后,浇 1 次缓苗水,每亩追施三元复合肥 5 千克。以后控制浇水,开始蹲苗,并连续中耕 2 次。当植株大量开花而果实不多时,每亩可施三元复合肥 15 千克,并喷施 0.25% 硼砂液 2 ~ 3 次。盛果期一般每 10

天浇1次水,保持地面湿润。隔水施肥,每次每亩追施三元复合肥10千克。每10天可叶面喷施0.4%磷酸二氢钾,有利于提高种子质量。

病虫害防治方法和其他栽培措施同常规栽培有关内容。

84. 常规品种繁种如何严格去杂?

在簇生朝天椒生长的苗期、初花期、结果期进行详细检查,拔除杂株、弱株、病株。另外,在种果采收期对病果、杂果及时进行清除,确保种子质量。

85. 常规品种繁种如何采种?

1)采收　果实全部转色后开始采摘,不采收半转色果。

2)后熟　果实采收后,让其后熟3~5天再取种子,让果实中的养分进一步向种子转移。

3)取种　簇生朝天椒果实小、辣味浓,人工取种难度大,成本高。可在小型打辣椒酱机器上加一个垫圈,将果实打碎而不损伤种子,果实打碎后用清水将种子淘出。

4)晒种　淘出的种子沥干水分后在太阳下晒7~8小时,要经常翻动。一般前2小时隔20分翻动1次,防止局部过热烫坏种子,第二天在通风处阴干。若遇阴雨天,要用暖风机或电扇将种子尽快吹干。

86. 簇生朝天椒雄性不育系育种"三系"配套的意义是什么?

簇生朝天椒杂种优势非常明显,杂交品种具有早熟、高产、抗病性强等优点,推广面积逐年增大。簇生朝天椒花小、花多,常规杂交育种中去雄、授粉和做杂交标记很困难,不仅生产成本高,而且种子纯度难以保证。利用雄性不育系育种,不仅可免去人工去雄,提高育种效率,降低育种成本,而且种子纯度得到保证,还能有效保护知识产权,成为簇生朝天椒杂种优势利用的良好方法和途径。

利用雄性不育系育种,必须"三系"配套,缺一不可。所谓"三系",是指配制一个优良杂交种所需要的特定的三个系,包括雄性不育系、雄性不育保持系和雄性不育恢复系。雄性不育系，简称不育系，是指雄性不育且不育性能够稳定遗传的植株品系。不育系植株外部形态与普通植株差别不大，但雄性器官发育不正常，花粉败育，不能自交结实，而雌性器官发育正常，能够接受外来花粉而受精结实。雄性不育保持系，简称保持系，是指能保持不育系后代不育性的特定品系。由于不育系不能通过自交结实来繁衍下一代，必须用保持系给不育系授粉使其结实，并且使其后代仍保持雄性不育的特性。雄性不育恢复系，简称恢复系，是指能够恢复不育系育性的品系。用恢复系给不育系授粉，可使不育系正常结实，而且产生的一代杂交种育性正常，并具有较强的杂种优势。

87. 簇生朝天椒“三系”杂交品种育种对育种田的选择有什么要求？

育种田应选择土层深厚、中等以上肥力、地势平坦、排灌方便的沙壤土地块。露地育种田应集中连片种植，育种田应与其他辣椒育种田和生产田隔离1 000米以上，或用玉米等高秆作物隔离500米以上。禁止选择在附近有蜜源植物或传粉媒介较多的地块安排育种。也可安排大棚育种或在40目防虫网室内进行育种。

88. 簇生朝天椒“三系”杂交品种育种如何播种与定植？

1）种子处理　亲本种子应由该杂交种育成单位或育种者繁殖、提供。播前选晴天晒种2～3天，并进行种子消毒，可用10%磷酸三钠、0.1%高锰酸钾，或50%多菌灵500倍液浸泡30分，用清水冲洗干净后备播。

2）播种时间与方式　为保证父母本花期相遇，开始授粉时父本有足够的花粉量，当父母本开花期差异不大时，父本提早7～10天播种；若父本花期早于母本可同期播种，若父本花期晚于母本时，父本早20天播种。也可通过去掉开花期早的亲本的早蕾或早花的方式调节，以保证父母本开花期相遇。甘肃地区一般在2月下旬播种，4月下旬定植父本，5月上旬定植母本。海南地区一般在9月下旬至10月上旬播种，10月下旬定植父本，11月初定植母本。河南地区大棚育种采用温室穴盘育苗，一般在1月初播种，3月中下旬移栽；露地育种采取大棚穴盘育苗，一般在2月底至3月初播种，4月中下旬移栽。

3）父母本的定植　不育系授粉后坐果率高，养分需求量大，故应施足底肥，一般每亩施腐熟有机肥 4 000 ~ 5 000 千克,三元复合肥 50 千克,高垄定植,一垄双行。根据母本植株开展度来确定合理的株距和每亩定植株数。母本株行距一般为(30 ~ 40)厘米 × 50 厘米,父本株行距为(20 ~ 30)厘米 × 50 厘米。父母本的种植比例为 1: (3 ~ 5),父本可适当密植。

89. 簇生朝天椒"三系"杂交品种育种如何进行田间管理?

缓苗后,浇 1 次缓苗水,轻追提苗肥,每亩追施三元复合肥 5 千克。以后控制浇水,开始蹲苗,并连续中耕 2 次。当植株大量开花而果实不多时开始追肥,既要满足簇生朝天椒开花结果的需要,又要防止追肥多引起植株徒长、落花,一般每亩可施三元复合肥 15 千克。花期喷施 0.25% 硼砂液 2 ~ 3 次,对提高坐果率和种子产量有明显效果。盛果期一般每 10 天浇 1 次水,保持地面湿润。隔水施肥,每次每亩追施三元复合肥 10 千克。每 10 天可叶面喷施 0.4% 磷酸二氢钾,有利于提高种子质量。病虫害防治方法和其他栽培措施同常规栽培有关内容。

90. 簇生朝天椒"三系"杂交品种育种授粉前要做好哪些准备工作?

1) 人员配备　授粉前期一般每亩育种田配备育种操作人员 3 ~ 4 人,盛花期需 8 ~ 10 人,15 亩配备育种监督管理人员 1 人。育种监督管理人员负责育种的监督检查,育种操作人员负责育种的具体操作。育种前,应对育种监督管理人员和育种操作人员进行技术培训,使其熟悉育种程序,树立质量意识,严格操作规程。

2) 田间标记　育种前,每块育种田都应插上标牌,标明育种田面积、所育杂交种及父母本名称或代号,以及负责人姓名、联系方式等信息。育种田要逐行编号,挂牌标记。用地签或塑料牌标记育种操作人员姓名、负责育种区段。

3) 去杂去劣　育种前,根据亲本典型性(育性、叶色、叶形、叶大小、茎秆颜色、茸毛密度),及时拔除亲本中的非典型株及病株、劣株。尤其重视父本去杂,要早、要准、要彻底。逐棵检查母本,如发现有可育株,及时拔除,以保证杂交一代种子的纯度。

4) 植株整理　将父本植株上已开过的花和已坐的果全部打掉,促使营养集中供应盛开的花朵,为母本授粉提供又多又好的花蕾。母本每株一般留 5～6 个健壮侧枝,其余的侧枝全部去除,以便授过粉的果实和里面的种子充分发育。授粉前把母本上已开过的花和已坐的果全部打掉。

5)工具准备　主要包括镊子、120 目花粉筛和授粉时盛装花粉的容器等。盛装花粉的容器可用花粉管或者带有橡皮盖的小玻璃瓶。花粉管是一种特制的空心玻璃管,长 50～60 毫米,外径 4 毫米,内孔径 1.5～2 毫米,一端开口,另一端呈封闭状,在封闭状的侧面有一个小孔形开口,整个授粉管形状与直杆烟斗相似。

91. 簇生朝天椒"三系"杂交品种育种如何授粉?

1)取花粉　每天上午采摘父本植株上充分发白的花蕾,将雄蕊挑出放入容器中,置于阴凉干燥处,让花粉自然散出。阴天可放入干燥器中进行干燥,或将花药放在清洁白纸上,在距花药 20 厘米上方吊一盏 60 瓦的白炽灯泡,花药平面上的温度不要超过 30℃,烘烤 3～4 小时,促进散粉。第二天可用 120 目的花粉筛将花粉筛出,放入容器中储存备用,每批花药可筛 1～2 次花粉。花粉活力以当天的新鲜花粉最好,少用或不用储存花粉。阴雨天不能进行授粉时,可将筛出的花粉置于 5℃条件下储存 1 天。

2)装入容器　一般在每天授粉前 1～2 小时将花粉装入花粉管或带有橡皮盖的小玻璃瓶中。花粉不宜过早装入容器,以免花粉呼吸作用产生水汽,在容器中无法蒸发,使花粉丧失活力。

3)授粉　选择当天开放的花授粉。授粉时将母本柱头插入花粉管孔中,使柱头粘满花粉,或者用铅笔顶端的橡皮头蘸取花粉,在柱头上轻轻涂抹。授粉时动作要轻,以免折断或损伤柱头。授粉后,掐去授过粉的花的一部分花瓣,以做标记。授粉时间可在上午 7～11 点、下午 3～6 点进行,避免高温授粉。如果早晨有露水,待露水退下后进行,否则容易使花粉受潮,影响授粉效果。

4)授粉时间　控制在 30～40 天。授粉彻底结束后,拔除全部父本。

92. 簇生朝天椒“三系”杂交品种育种如何采种?

1)采收　果实全部转色后开始采摘,不采收半转色果。

2)后熟　同簇生朝天椒常规品种繁种技术相关内容。

3)取种　同簇生朝天椒常规品种繁种技术相关内容。

4)晒种　同簇生朝天椒常规品种繁种技术相关内容。

93.“三系”杂交品种亲本繁殖有哪些技术要点?

1)防止生物学混杂　为防止“三系”杂交簇生朝天椒在繁殖过程中亲本发生生物学混杂,必须建立严格的“三系”两圃繁育体系。“三系”均种植在60目防虫纱网棚内,或采用隔离半径1 000米以上的自然隔离区,严防生物学混杂。

2)不育系与保持系的扩繁　每次繁种应尽可能扩大繁殖群体,保证不育系和保持系种性的一致性,避免多次扩繁发生遗传飘移。

为保证花期相遇和充足的花粉供应,保持系比不育系早播3~5天,早移栽5天左右。不育系与保持系的植株比例为(3~5):1,二者可分开定植,也可定植在同一棚内。保持系一半植株用于不育系授粉,另一半用于自交繁种。

在整个开花期内应多次观察不育系植株的育性,特别是气温低于15℃时,更应重点观察不育系植株的花药有无花粉和自交结实结籽情况,一旦发现植株上有可育花,应立即拔除该株及周围4株。连续观察保持系、不育系植株生长状况,发现异常植株也应及时拔掉。

授粉结束后10天内连续摘除上层开放的花朵,防止异花授粉。收获前,根据不育系和保持系的典型性状,淘汰不符合要求的植株,然后分别留种。

收获时还要进一步对不育系、保持系植株选优,同时考虑不育系和保持系果实性状的一致性。不育系入选的单株混合留种,作为繁殖不育系的母本,其余作为一代杂种育种的母本,保持系入选的单株混合留种作为保持系保存,其余的淘汰。

3)恢复系的扩繁　自然隔离区隔离半径1 000米以上,或采用60目防虫纱网隔离,严防生物学混杂。在整个生育期内，根据恢复系的植物学性状淘汰不良单株，在果实成熟期和采收时根据恢复系的果实性状和抗逆、抗病性，分别进行彻底去杂，淘汰染病植株。

九、簇生朝天椒产业化开发

本部分主要介绍簇生朝天椒产业化开发中政府支持引导、龙头企业带动、市场带动、中介组织带动起到的关键作用，并介绍了河南省主要簇生朝天椒产区成功的产业化开发案例。

94. 政府支持引导在产业化开发中起到什么作用?

簇生朝天椒产业化开发,当地政府的支持引导起到了巨大的推动作用。为什么需要政府支持引导呢?

1)农业生产的特性要求政府支持引导

(1)农业生产的第一特性是受自然环境变化以及生物生命规律的显著影响　尽管现代科学技术突飞猛进,但自然灾害依然威胁着农业生产,使农业生产具有很大的风险性,这决定农业生产先天具有脆弱性。

(2)农业生产的第二特性是具有准公共性　农业关系到人民的吃饭问题,是国家稳定的重要基石。农业是安天下、稳民心的战略产业,没有农业现代化就没有国家现代化,没有农村繁荣稳定就没有全国稳定,没有农民全面小康就没有全国人民全面小康。农业的这些特性及重要性要求政府支持引导。

2)我国农业发展落后的现实需要政府支持引导　当今世界各国都制定出一系列优惠保护措施扶持农业,保护农民利益,保证农业生产稳定。相比之下,中国的农业问题更为突出,农业产业化才刚刚提上日程,解决13亿多人的吃饭问题始终是农业发展的首要任务。我国存在庞大数量的科学素质低下的农民,农业基础设施薄弱,农业生产技术条件落后,自然环境的恶化,灾害频发,耕地不断受到侵占,城乡二元结构深层次矛盾突出,农业生产效益低下,农民利益受损,生产积极性不高等诸多因素都使我国的农业生产形势十分严峻。改变长期落后的农业生产状况,营造质量高、产出大、效益好、保障有力,充满生机活力的现代农业生产局面需要政府的支持引导,推动农业产业化快速健康发展,改变我国农业在国际合作与竞争中面临的新困难和新挑战更需要政府引导。简言之,改变农村、农业落后局面,实现国家宏观目标,要求政府支持引导。

3)家庭经营的缺陷需要政府支持引导　农民缺乏资金和技术,缺乏与市场竞争的实力。在信息不透明的情况下,农民缺乏宏观规划的能力,发展生产往往盲目跟风,扎堆盲从,结果导致产品过剩,农民利益受到极大损害。为了规避风险,农民采取消极生产的策略来应对,严重制约农业先进技术的使用和农业产业结构的调整,阻碍农业产业化的发展。因此,在市场机制还不完善的条件下,在尊重市场机制作用的前提下,提供服务,降低风险,创造条件,激发农民积极性,政府责无旁贷。通过政府引导农民发展产业,可以降低农民在市场化条件下的风险,激发农民创造性,推动农业增产,实现农民增收,农村繁荣。

95. 政府在簇生朝天椒产业化开发中起支持引导作用的典型案例有哪些?

1)案例1 河南清丰县政府的支持引导作用

(1)清丰县簇生朝天椒产业简介 清丰县位于河南省东北部,冀、鲁、豫三省交界处,总面积833.5千米^2,辖17个乡(镇),503个行政村,总人口65.0万,农业人口59.6万。近年来,清丰县以市场为导向,采取政策驱动,促进农业优质要素向标准化示范园区集中,打造出优质高效的簇生朝天椒生产基地,建成58个示范区,20多个种植示范方,种植面积30万亩,主要栽培品种有子弹头、新一代、三樱椒等,干椒年产量8万吨。

目前,清丰县簇生朝天椒种植面积最大的乡镇是仙庄镇,种植面积占总耕地面积60%以上,连续5年种植面积稳定在5万亩。根据对仙庄镇50个农村住户抽样调查和访谈的结果测算,被调查的仙庄镇农民的工资性收入与全县农民工资性收入的水平相当,而农民家庭经营纯收入明显高于全县平均水平,因此,簇生朝天椒成为仙庄镇农民增收的一条重要的途径。

清丰县的簇生朝天椒远销韩国、日本等多个国家和湖南、湖北、重庆等20多个省、市,年交易量15万吨,已成为豫北地区最大的簇生朝天椒生产经营集散地。

(2)清丰县政府的支持引导作用 为解决清丰县农业效益低下,农民增收缓慢的问题,从1999年起,当地政府加大农业结构战略性调整力度,把销路广、市场前景广阔的簇生朝天椒种植业作为重点发展的主导产业,制订了建设优质簇生朝天椒基地的发展计划,首先在有较好农业基础的仙庄镇做试点,由该镇1 200名党员带头种植簇生朝天椒8 000亩,当年簇生朝天椒平均亩产量300千克,亩均增收2 000元。起步发展阶段规模化程度不高,以零星的散户种植为主。由于仙庄镇的簇生朝天椒种植带来可观的效益,清丰县政府决定大面积推广簇生朝天椒种植,专门制订发展簇生朝天椒的方案,合理规划,因地制宜,加快簇生朝天椒产业发展,到2002年种植面积发展至5万亩。清丰县政府还组织人员到簇生朝天椒种植好的外地学习考察，将先进的经验和品种带到清丰县，经过不断试验，最终形成了以子弹头、新一代等为主的簇生朝天椒种植品种，全县的簇生朝天椒种植面积呈几何式增长。

随着簇生朝天椒种植面积的扩大，产量越来越高，销售成为大问题，清丰县政府在2003年多方筹资300多万元，建成了占地3万米^{2}的仙庄辣椒批发市场，能够及时地将簇生朝天椒销售出去，大大缓解了簇生朝天椒种植户的负担。清丰县还成立了辣椒协会，组织专家给簇生朝天椒种植户进行指导和培训，提供生产资料、田间管理服务以及解决在种植过程中遇到的实际问题，使农户增加了产量。利用当地的簇生朝天椒资源优势，一些种植大户向加工企业转型，对簇生朝天椒进行加工后销售，从而获得更多的利润，延长了簇生朝天椒产业的链条。到2005年年底，清丰县簇生朝天椒种植面积达到26万亩，辣椒加工企业也达到了15家，簇生朝天椒成为清丰县一张亮丽的名片。

自2005年以来，清丰县认识到必须做大做强簇生朝天椒产业，发展现代农业，才能大幅度增加农民的收入，专门成立了辣椒产业办公室，大力开展招商引资活动。2006年引来了先锋实业有限公司、长沙五誉庄食品有限公司等一批龙头企业，培育辣椒品牌，拉长产业链条，推动订单式生产，增强龙头带动作用。着力打造出一批优质高效的簇生朝天椒生产基地，逐步形成规模化种植，建成58个簇生朝天椒种植示范区，种植面积30万亩左右。为顺应市场需求，成立科丰、清丰红等一批辣椒合作社，培育深加工的辣椒龙头企业，将种植户和企业有机地连接起来，保障农户的利益。簇生朝天椒专业化市场也初具规模，推动清丰县簇生朝天椒生产经营模式逐步走上集约化、产业化经营轨道。

2007年9月，清丰县成功举办了第四届全国辣椒产业大会和清丰辣椒产销经贸洽谈会，来自全国各地的辣椒育种、生产加工、经销、设备企业、科研机构和辣椒产业协会的300多人参加了大会，共商辣椒产业发展大计。此次经贸会扩大了清丰辣椒品牌的知名度，国家辣椒新技术研究推广中心授予清丰“中国辣椒第一县”称号。

2）案例2　河南临颍县政府的支持引导作用

（1）临颍县簇生朝天椒产业简介　临颍县簇生朝天椒生产面积呈逐年上升趋势，2008年全县生产面积10.05万亩，2009年15万亩，2010年19.95万亩，2011年达到30万亩，目前已达到40.05万亩。一般平均亩产在250～300千克，总产在7.5万～9万吨。生产区域主要集中在县城东部以王岗镇为中心，涉及三家店、窝城、陈庄、瓦店等乡镇，其中王岗镇种植9万亩，三家店3.75万亩，瓦店3万亩，陈庄2.7万亩，巨陵3万亩，窝城3.45万亩。这几个乡镇的簇生朝天椒种植面积占全县簇生朝天椒面积的70%以上，达到24万亩，王岗镇、三家店镇的簇生朝天椒生产基地被河南省农业厅认定为河南省无公害农产品生产基地，注册了"绿隆""颖顺""田老大"等簇生朝天椒商标，王岗镇更是拥有"中国辣椒第一镇"的美誉。其他乡镇簇生朝天椒种植较为分散，多集中在台陈镇、杜曲镇、大郭乡、繁城镇等土地流转大户，规模化种植4.05万亩左右；其他像石桥、固厢、王孟等乡镇也有小面积的零星种植，面积在1.95万亩左右。近几年，临颍县簇生朝天椒种植的主要品种包括三樱椒6号、三樱椒8号、新一代等常规品种，每亩产量一般在200～300千克，扣除每亩化肥、农药、浇水施肥以及人工亩投入1 200元，亩均纯收入一般在3 000～3 500元。

(2)临颍县政府的支持引导作用　在临颍县政府的支持引导下，与上级科研部门联姻成立"临颍县小辣椒新品种开发应用研究"机构，在簇生朝天椒新品种研发方面领先的科研部门，有美国的先正达公司和国内的隆平高科、河南红绿辣椒种业有限公司等。先正达公司生产的天问一号、河南红绿辣椒种业有限公司选育的望天红三号等杂交品种在当地已引进种植，其产量比常规品种提高20%～30%，抗病性优于当地品种，商品椒品质好，种植密度适宜，管理方便，很有市场发展前景。

在临颍县政府的支持引导下，2016年4月中华全国供销合作总社投资的中国辣椒电商物流产业园项目在临颍奠基，该项目是中国供销农产品批发市场控股有限公司根据国家关于加强农产品市场稳控调节，推动农产品专业化、标准化、信息化、国际化升级要求而规划建设的以"辣椒"为中心，融多种业于一体的首个中国辣椒全产业链标杆项目。其目标定位是：致力打造"一基地七中心"，即立足临颍，服务华中，辐射全国，打造一个与国际市场接轨，规模大、品种多、配套完备的辣椒产品基地，形成华中地区以辣椒为代表的农副产品"O2O"电商物流及配送中心、交易结算中心、检验检测中心、价格中心、标准制定中心、华中地区辣椒大数据中心和研发中心，努力推动辣椒期货交易，现货展销拍卖以及华中地区电商交易及农业金融等产业升级。项目依托临颍县49.5万亩簇生朝天椒生产基地及良好的交通区位优势，按照“布局合理、功能完善、链接顺畅”的要求，以“电子商务农产品加工仓储物流”为发展重点，强化产业链打造。项目计划总投资30亿元，占地面积约1 000亩，总建筑面积约70万米^2。项目涵盖辣椒专业批发市场、农副产品综合批发零售、冷链仓储、辣椒深加工、质量检测、农产品大数据、农业创新科技研究、辣椒专项供应链金融服务及大宗农产品电商交易等。项目整体开业运营2年后，预计平均实现各类交易额约30亿元。5年后，预计平均实现各类交易额约50亿元，安置就业人口7 000～10 000人，形成集物流、金融、展销、租赁、配套服务、办公于一体的现代物流产业新城，为助推临颍以及全国簇生朝天椒产业发展提供强劲动力。

3）案例3　河南柘城县政府的支持引导作用

（1）柘城县簇生朝天椒产业简介　20世纪70年代，柘城县外贸局从天津土产公司引进“天鹰椒”，在慈圣镇宋屯、梁楼等村试种，当年试种成功，第二年迅速在当地发展种植几十亩。随后，簇生朝天椒以其椒形正、着色好、肉皮厚、产量高、品质优、辣味浓、耐储运、抗旱稳产、经济效益好的独特优点，以及极高的营养、药用价值和军工利用价值，而深受广大农民群众的喜爱和八方椒商的青睐。

簇生朝天椒种植以星火燎原之势，在柘城县农村迅速推广开来。从1980年至1990年10年时间，柘城县的慈圣、牛城、远襄、马集、起台、老王集、陈青集等十几个乡镇的种植面积发展到15万亩。1990年之后，柘城县的主要经济作物棉花、烟叶种植面积逐年减少，给簇生朝天椒的种植面积扩大带来了空间。柘城县委、县政府审时度势，狠抓种植结构调整，大力倡导推广簇生朝天椒种植，增加农民收入。着力做活以椒富民、以椒兴县大文章，把小辣椒培育成为富民兴县的一大支柱产业、充满活力的“朝阳产业”。

柘城县自20世纪70年代开始从日本引种簇生朝天椒，至今已有40余年的历史。近年来，柘城县依托地方特色资源和传统种椒技术优势，围绕“生态、优质、高效、安全”的总要求，采取稳定规模、夯实基础、优化品种、龙头引领、提升加工、拓展市场、做大品牌等得力措施，有力地促进了柘城簇生朝天椒的产业化发展。目前，柘城县全县常年种植簇生朝天椒面积稳定在40万亩左右，占全县耕地总面积的40%；年产干椒15万吨，产值20亿元。柘城县一步一步地把小小簇生朝天椒做成火遍全国的辣椒大产业，并且远销20多个国家和地区。簇生朝天椒产业已经成为柘城县的一大经济支柱产业。

1999年9月,柘城县被中国农学会特产经济专业委员会命名为“中国三樱椒之乡”;2003年,柘城县簇生朝天椒跻身“河南省名牌农产品”之列;2006年,柘城县种植簇生朝天椒基地被河南省农业厅认定为“河南省无公害农产品生产基地”;2007年9月,柘城县获农业部“无公害三樱椒生产基地”和“无公害农产品”认证;2009年,在全国(长沙)辣椒产业博览会上,柘城县获“中国小辣椒之乡”称号;2015年5月,中国科学技术协会在柘城成立全国唯一一家“辣椒生产与加工技术交流中心”;2016年9月,柘城辣德鲜食品公司的产品获“2016第十一届全国辣椒产业大会”辣椒产品风味评选第一名;2016年11月,河南省辣椒质量检测中心在柘城县挂牌成立,并成功创建河南省出口簇生朝天椒质量安全示范区;2016年12月,柘城县荣获“2016全国最具影响力的中国辣椒之乡”网络评选第一名;2017年6月,柘城县簇生朝天椒获国家地理标志产品保护;2017年7月,柘城县成功创建国家出口食品农产品质量安全示范区;2017年9月,“柘城辣椒”获国家地理标志产品保护。目前,柘城县已成为全国最大的无公害簇生朝天椒系列产品生产基地。

如今,“世界辣椒看中国,中国辣椒看河南,河南辣椒看柘城,柘城辣椒香世界”,已成为国内辣椒行业的共识。

(2)柘城县政府的支持引导作用　20世纪90年代,为了大力推广三樱椒种植,形成规模优势,增加规模效益,柘城县政府与23个乡镇签订了目标责任书,并要求乡村干部带头种植5亩以上的优质簇生朝天椒,以实际行动带动群众发展种植。全县各乡镇都建有十几个百亩以上的簇生朝天椒高效示范种植方,百亩方内实行统一种植、统一管理、统一收获、统一销售。

为扶持专业村种植大户,县政府还协调银行、财政等有关部门为他们提供优惠低息贷款。各乡镇以农业技术站为依托,建立了产前、产中、产后服务体系,为广大种植户解决生产中的技术性难题。柘城县政府蔬菜生产办公室派出专业技术人员到各村巡回指导,协调解决每个生产环节遇到的困难和技术问题;在销售季节来临时,工商部门及税务部门还减征或免征经销商的税费,对外地客商颁发绿色通行证进行保护等一系列措施的实施,放宽了市场,扩大了流通,有力地促进了柘城县簇生朝天椒的生产、经营和市场销售。

2000年前后，柘城县组建了柘城红辣集团和县、乡两级簇生朝天椒协会，建立了5 000亩簇生朝天椒良种繁育基地、30万亩簇生朝天椒生产基地和16个万亩高效生产园区。扶持发展簇生朝天椒专业村300多个，专业户2.8万余户。随着种植技术的推广，种植模式也由起初的簇生朝天椒纯作栽培发展为春椒、间作套种、蒜茬椒、麦茬椒、果椒套种、花生椒套种、玉米椒套种等多种栽培模式。

2010年以后，柘城簇生朝天椒生产已经形成了区域化、规模化的格局，常年种植面积一直稳定在40万亩左右。

4）案例4　河南内黄县政府的支持引导作用

（1）内黄县簇生朝天椒产业简介　内黄县种植簇生朝天椒已有20多年的历史，1992年由六村乡进行示范性种植，1993年面积扩大到2 000亩，后逐步扩大到邻近的井店镇、亳城乡、后河镇等地，1996年全县发展到2.2万亩，单产达241千克，总产达到530.2万千克。1996年在六村乡政府东边马白路两侧建立了内黄县尖椒批发市场，占地面积6.5万米^2，投资1 200万元，房屋900间。

到了20世纪90年代末期，六村乡簇生朝天椒种植面积已占全乡土地面积的20%以上。目前，内黄县簇生朝天椒常年种植面积已达30多万亩，年产量12万吨，并辐射到周边十余个县市，享有“中国尖椒之乡”的美誉。内黄县簇生朝天椒种植品种多样，技术先进，模式新颖，已成为华北地区颇具规模的簇生朝天椒生产基地。

（2）内黄县政府的支持引导作用　1998年，由于簇生朝天椒种植规模扩大迅猛、效益高，引起了县委、县政府的重视，经过科学论证，一致认为发展簇生朝天椒生产是农民致富的一条好路子、好产业，县委、县政府把簇生朝天椒纳入农业发展规划，作为一项重要产业来抓，并把簇生朝天椒生产列入年终工作考核目标，成立了尖椒生产办公室。由于政府的强力推动，2000年面积迅速扩大，由1999年的4.5万亩扩大到14.32万亩，总产达到2.5万吨，面积、总产分别比1996年增加12.12万亩和1.97万吨。2006年面积扩大到30万亩，全县各乡镇均有种植，但以六村、后河、马上、井店等乡镇最为集中。内黄县农业部门积极搞好新品种引进、试验、示范与推广工作，通过建立高产攻关展示田、新品种示范区，大力推广簇生朝天椒栽培新技术，单产和总产逐步增加，经济效益逐年提高，成为全县农民收入的重要来源。2009 年全县簇生朝天椒种植面积 30 万亩,总产 8.1 万吨。

内黄县生产的簇生朝天椒以产量高、品质佳、色泽鲜、辣度高、椒形美享誉全国各地,成为内黄县的特产,簇生朝天椒产业也成为内黄县的农业支柱产业。

96. 龙头企业在簇生朝天椒产业化开发中起到什么作用?

龙头企业是指在农业产业化经营中,依托当地主导产业或农副产品生产基地建立的,能发挥关键作用,市场把握力强,规模较大,辐射面广,带动力强,能有效地连接国内外市场,使农产品生产、加工、销售一体化经营过程中有机结合、相互促进的产业机制的农副产品加工流通企业。

农业产业化龙头企业带动型模式是指龙头企业以农产品加工与流通为主业,通过各种利益连接机制与农户相联系,与农户通过契约关系,带动农户进入市场,根据双方签订的合约,形成农产品商品生产基地,农户从事生产活动,向龙头企业提供农产品,而龙头企业为农业基地提供必要的物资、技术和信息服务,按照合同价格或市场价格收购农户的农产品,农户也能获得加工的增值利润。

该模式的基本形式是"龙头企业 + 农户",在农业产业化的发展中形成了"龙头企业 + 协会 + 农户"等多种形式。龙头企业不仅是农产品的加工企业,同时成为产销一体的综合性服务企业。

龙头企业采用新的科技、工艺等,对农副产品进行精深加工,并且和农户签订合同,各司其职,相互配合,把分散的农副产品生产形成规模生产,并且引导农民进入市场,实现规模效益,进而增加农民收入。农业产业化龙头企业带动的特点如下:

一是规模化。由于农业产业化企业要以国内外市场为导向,根据市场来配置资源、生产要素组合和产品购销等。生产基地和加工企业发展到一定程度才能达到产业化的标准,不断地增强产业化的带动和竞争力,提高企业的规模水平,增加企业的效益。例如,清丰县的大型辣椒企业在激烈的市场竞争中做大企业的规模,十分注重专业化的集中生产,根据当地情况因地制宜地进行专业化的生产,科学布局,不断扩大农户的规模,解决农户经营规模小的问题。如清丰县产业集聚区的桃园建民辣椒企业不断适应现代农业发展的要求，提高产业化的水平，从规模化和专业化上提高效益。

二是一体化。龙头企业实现产加销一条龙、“贸工农”一体化经营，把农业的产前、产中、产后环节有机地结合起来，形成风险共同承担的共同体。由于合同的契约制约将簇生朝天椒生产企业和农户连接起来。例如清丰县龙乡红、桃园建民等知名辣椒企业在农业产业化的发展中起着关键的作用，通过不断完善利益连接机制，与农户或中介组织形成良性的产销关系，有助于龙头企业发展，也利于农民的生产。

三是企业化。龙头企业应是产权明晰、权责明确、管理科学、建立现代企业制度体系的企业。农业产业的龙头企业应是规范的企业化运作，农副产品生产基地为了适应龙头企业的工商业运行的计划性、规范性和标准化的要求，能够最大限度地调动职工的积极性，通过企业的有效运作，提高其经营决策水平和科学管理水平。

例如，这种模式在清丰县的农业产业化发展中是很典型的，以龙乡红辣椒、先锋实业为主，辣椒年加工能力达到10万吨，这些龙头企业的发展有力地促进了清丰县辣椒产业化的发展，促进了农民的增收。

97. 龙头企业在簇生朝天椒产业化开发中起带动作用的典型案例有哪些？

1）案例1　河南省龙乡红食品有限公司是濮阳市农业产业化龙头企业，位于清丰县产业集聚区，依托清丰县万亩无公害簇生朝天椒为主要原料，组建了剁辣椒、辣椒粉、辣椒碎等全自动生产线，打造出家庭佐餐的最佳伴侣“科椒”牌系列产品。2009年“科椒”商标被评为“河南省著名商标”，“科椒”牌系列产品被评为“中国著名品牌”产品。

（1）与农户建立长期合作模式　龙乡红食品有限公司通过各种利益连接机制与农户相联系，与农户建立契约关系，带动农户进入市场，由公司牵头，将松散的农民、龙头企业、生产合作社，形成“企业＋合作社＋农户”的联合体，通过企业与农户从上到下以及从下到上的通畅渠道，解决了沟通不畅造成的订销矛盾，双赢局面保证了双方稳定与持久的合作关系。2009年，依靠订单合作，带动农户5 000户，采用企业自主定价及与农村合作社协商相结合的定价方式，保障了与企业相比更处于市场弱势地位的农户的利益。

（2）注重创新，多途径寻求合作　龙乡红食品有限公司产品非常注重产品的研发，企业在科研院校中积极寻求合作与支持，与河南农业大学、河南农业科学院积极合作，聘请北京、四川多名专家，传承百年传统，融入现代工艺，开发出“香辣酥、香辣脆、豆豉鱼辣香、龙乡剁辣椒”等不同风味20多个品种，深受广大消费者的青睐。公司非常重视人才，管理者积极和河南农业大学等高校开展合作，引进高学历人才到企业工作，解决企业人力资源后备不足的问题。由于清丰县产业集聚区有大量的辣椒生产企业，企业间注重合作，通过政府的沟通，共同谋划发展，加强联系和沟通，签订合作项目，取得了很好的效果。

(3)理性分析，全力打造品牌　现代商品市场竞争中，品牌的作用毋庸置疑，清丰县龙乡红食品有限公司重视品牌投资、品牌建设的思路清晰，针对企业现状进行详细分析后，具体拟定了一系列品牌概念建设步骤。在产品延伸上，进一步拓宽、拓展现有产业链，推出龙乡红系列衍生品种。龙乡红食品有限公司以打造“中原辣椒第一品牌”为己任，以质量保证为根本、顾客满意为目标，优质服务赢市场、科技创新铸名牌，坚持科技兴企、品牌立企战略思想，逐步实现生产自动化、管理现代化、产品国际化、市场规范化。

2)案例2　临颍县以河南省粮源农业发展有限公司为领头羊的簇生朝天椒产业龙头企业，对当地簇生朝天椒产业发展起到巨大的推动作用。

以河南省粮源农业发展有限公司为例，该公司培育出了十多个簇生朝天椒优良品种，拥有自己的良种繁种合作基地，并将优良簇生朝天椒种子不断推向本地及省内、国内簇生朝天椒种植基地，是一家育、繁、推一体化的科技型企业。2017年7月公司牵头组建了河南省临颍县小辣椒产业联盟，带动16家合作社、4个家庭农场、22家农资经销商、10个土地流转大户积极发展“小辣椒，大产业”。

2015年公司牵头完成的科技成果“小辣椒规模化种植配套技术集成及应用”荣获河南省科学技术进步二等奖，申报的“簇生朝天椒杂交优势利用及高效技术集成和产业化开发”项目被列为河南省重大科技专项项目，组织成立的河南省簇生朝天椒遗传育种创新科技团队被河南省科技厅认定为河南省创新型科技团队。

2015年公司牵头制定了漯河市农业地方标准小麦朝天椒间作套种技术规程；2016年牵头制定了朝天椒杂交制种国家行业标准，隐性核不育两系杂交朝天椒制种技术操作规程和核互作雄性不育三系杂交朝天椒制种技术操作规程已通过农业部专家评审。手推小辣椒收割机获国家实用新型专利授权。

2016年8月河南省粮源农业发展有限公司作为牵头单位成功召开了河南省重大科技专项现场观摩会暨中国临颍第一届朝天椒产业发展论坛，带领专家学者参观了簇生朝天椒杂交新品种望天红三号的高产示范田，当天实地测产亩产高达567.9千克。

3）案例3　20世纪90年代之前，柘城县开始兴起辣椒粉、辣椒面等辣椒产品初加工，以家庭小作坊经营为主。后来兴建的五味源天然产物有限公司、柘城县红辣集团、柘城县蔬菜脱水厂、柘城县酱菜厂等十余家辣椒产品加工厂，但由于经营不善，相继破产倒闭。

2000年以来，柘城县通过大力开展招商引资，采取新建、技改扩建和资源整合等方式，大力扶持发展河南省白师傅清真食品有限公司、柘城县恒星食品有限责任公司、柘城县春海辣椒食品有限公司等十多家民营加工龙头企业。河南省白师傅清真食品有限公司为河南省农业产业化重点龙头企业；柘城县恒星食品有限责任公司、柘城县春海辣椒食品有限公司两家企业为商丘市农业产业化重点龙头企业；河南辣德鲜食品有限公司、宇淇食品冷藏有限公司等十几家企业成为后起之秀。这些企业研发生产了辣椒油、辣椒酱、辣椒干、辣椒粉、鲜切椒等系列产品，实现了簇生朝天椒加工业由传统的加工工艺向先进适用技术转变，由初级加工向精深加工转变的跨越，增强了簇生朝天椒产品在国内外市场的竞争能力。现在年加工簇生朝天椒10万多吨，其中出口簇生朝天椒产品1万吨，出口创汇2 600多万美元。

在2016年9月中旬于新疆巴州和硕县举行的第十一届全国辣椒产业大会上，河南辣德鲜食品有限公司生产的辣德鲜牌鲜切酱，以得票第一的成绩荣获一等奖，为柘城县又一次赢得了荣誉。

科技兴则业兴，种子优则效益增。柘城县还积极培育研发适合本土生长、高产优质的品种。经过反复提纯复壮，培育具有柘城地方特色的优质品种“柘城三樱椒”。20世纪90年代就成功培育出了柘椒1、柘椒2、柘椒3、柘椒4、柘椒5、柘椒6、柘椒7、柘椒8号等优良新品种。以椒形好、产量高、辣味浓、着色好等特点，创出了“豫柘三樱”的自主品牌。

2000年以来，以河南省北科种业有限公司、河南省椒都种业有限公司、河南省奥农种业有限公司等为代表的柘城种子龙头企业肩负起打造中国朝天椒第一品牌、建设朝天椒育种一流企业的光荣使命，建成了一家家集辣椒种子科研、繁育、推广、销售于一体，融公司、基地、专业合作社经营于一身，市场覆盖豫、鲁、苏、冀、吉、辽、晋、皖、新等省、自治区的现代种子企业和省级高新技术企业。十多年来，接连培育出了三樱椒 8 号、红太阳十号、大角八号、椒小红、鼎冠 818、圣献 808、红巨星、椒太郎、锦天红、问天红、椒美、大果新三樱、早杂 888、椒火火、北科 918、北科簇生 819、辣哈哈、地一辣等大量优良品种，深受广大椒农的好评，给广大椒农带来了可观的经济效益。柘城县已成为国内具有较强影响力和市场竞争力的簇生朝天椒制种繁育基地。柘城繁育推广的簇生朝天椒新品种，具有抗病性强、抗倒伏、果形美、肉质厚、籽粒多、色泽艳、辣度高、品质优，适宜蒜套、麦套、麦茬种植的优点，种子纯度达到 99% 以上，亩产干椒 400 ~ 600 千克，在全国六大辣椒主产区都有推广种植。

98. 专业市场在簇生朝天椒产业化开发中起到什么作用?

专业市场带动作用是通过培育农产品市场，特别是专业批发市场，带动农产品区域专业化生产和产加销一体化经营。专业市场是进行农产品交易的主要场所，其中常见的是“市场 + 农户型”模式，通过建立与完善以批发市场为中心的市场体系、农产品批发市场，通过专业市场与生产基地或农户直接沟通，以合同的形式或联合体的形式，将农民纳入市场体系，带动专业化生产。因此，可以说建立一个专业市场，能带动一项专业生产，培育一个支柱产业，形成一个区域经济带。

专业市场发展一般设在交通便利，农产品生产具有一定的规模，能够带动农产品生产的地方，通过对农产品专业市场的培育，带动农业的产加销一体化经营。专业市场带动作用的特点如下：

一是方便交易，提高效率。辣椒批发市场方便农民交易，加快辣椒的流通速度，批发市场吸引大量各地的农产品消费者，在较短的时间内完成其交易过程，再把农产品发散至全国各地，这样使农产品的流转加快。例如，2003 年清丰县的仙庄市场等一批辣椒市场建成后，大大解决了簇生朝天椒种植户的销路问题，由于大型的专业批发市场内的交易门店是相对固定的，辣椒市场买卖双方的相互信任度高，就大大提高了簇生朝天椒交易的效率;清丰县辣椒专业化市场也初具规模,推动清丰簇生朝天椒生产经营模式逐步走上集约化、产业化经营轨道。临颍县合理规划簇生朝天椒市场,鼓励发展冷库产业,全县簇生朝天椒产地批发市场占地近千亩,其中王岗镇簇生朝天椒产地批发市场占地500余亩,是豫南最大的簇生朝天椒集散地,现有购销摊位1 000多个,入驻客户1 500多家,朝天椒经纪人1 500人;建成冷库50座,年冷储量达到1.5万吨,解决了簇生朝天椒收购环节的无序进行带给椒农和外商的诸多不便。

二是提供信息,降低成本。专业批发市场能够引导清丰县的簇生朝天椒农户,按照簇生朝天椒的市场信息,相应地提供符合市场需求的簇生朝天椒产品。批发市场可以为农户开展信息等咨询服务,有些甚至提供生产技术服务的产前、产中和产后全方位的服务。专业市场减少了农产品流通环节,降低了交易费用,农产品批发市场的出现为农产品的流转开辟了一条便利、快捷的渠道。

例如,清丰县非常重视建设专业化市场。先后建成了仙庄辣椒、清丰辣椒批发市场等20多家专业批发销售市场。充分利用本地丰富的簇生朝天椒资源优势,先后参加了济南农产品交易会、厦门海峡两岸农产品展销会、2007年中国长沙国际辣椒产业博览会、郑州农产品国际贸易洽谈会等,组织龙头企业、骨干乡镇企业和经贸部门大力拓展国内外市场。

99. 专业市场在簇生朝天椒产业化开发中起带动作用的典型案例有哪些?

1)案例1 清丰县仙庄镇辣椒批发市场,成立于2001年,临近106国道、209省道、濮鹤高速,交通便利。秉承“顾客至上,锐意进取”的经营理念,坚持“客户第一”的原则为广大客户提供优质的服务。现已拥有固定摊位1 000余家,营业用房建筑面积4.5万米^2,从业人员5 000余人,主要经营新一代、子弹头、朝天椒,各种干、鲜椒,青椒、花皮椒、辣椒圈、辣椒段、辣椒面、辣椒酱等,是一个集出口、内销为一体的辣椒大市场,购销业务辐射国内十几个省、市、自治区。

仙庄镇辣椒批发市场提供簇生朝天椒销售场地,发挥市场营销服务功能,成立市场营销服务中心,创设农产品展台,引导农业龙头企业、基地树立品牌意识,提升农副产品的市场竞争力。同时发挥市场组织服务功能，组织广受好评的优秀农产品参加展示会，将企业、基地推向市场前台，扩大品牌市场知名度。

发挥市场信息服务功能，以贴近农民、贴近基地、贴近企业为工作重点，即时编写市场信息，发布市场动态信息，向基地、种植大户及有关单位赠阅，推介农副品牌，构建信息服务网络新体系。不断拓展服务职能，通过组建生产基地实现市场的两头延伸，是实现产销对接、农民增收的重要保证。

做强做大，稳步规模扩张。近年来，辣椒市场不断扩大规模，建筑面积逐年扩大，新建库房1万米^2，配套用房3 000米^2，晾晒台1万米^2；信息中心一处。地面硬化1 000米^2，检疫检测设备、信息系统处理设备、电子结算设备、安检设备、物流配送设备若干。

2）案例2　柘城县认识到市场是簇生朝天椒产业发展的重要载体和动力。2007年前，先后兴建了柘城辣椒城、春水辣椒城、东关辣椒市场一条街、柘城外贸辣椒市场等十余座小规模簇生朝天椒专业市场，发展簇生朝天椒经纪人、购销大户2万余人。

在北京、上海、深圳、四川、山东等20多个省、市都设立有直销直供和信息窗口。2007年10月，坐落在柘城县城北迎宾大道东侧的国家产业化龙头企业——柘城县辣椒大市场投入使用。大市场占地300亩，累计投资1.5亿元，建筑面积8万米^2，内设交易区、仓储区、保鲜区等。目前，该县共兴建乡镇辣椒交易市场18个，形成了布局合理、设施完善、安全规范的簇生朝天椒交易网络体系。柘城辣椒大市场上通省外、国外，下联农村千家万户，产品销往新疆、贵州、四川、上海、深圳等国内的30多个省、市、自治区，还远销美国、加拿大、日本、韩国等20多个国家。2016年，柘城县全县簇生朝天椒交易量50万吨，交易额达到60亿元，形成了"全国辣椒进柘城，柘城辣椒卖全国"的交易格局，确立了全国簇生朝天椒交易中心、集散地、价格风向标的重要地位。

柘城，一座全国最大的集种植、生产、加工、贸易、冷藏、物流、研发、推广为一体的簇生朝天椒产业基地，正在中原沃土上砥砺奋进、强势崛起，并成为农业供给侧结构性改革的范例。

100. 中介组织在簇生朝天椒产业化开发中起到什么作用？

中介组织主要包括农业专业协会、专业合作组织等形式，它们将众多分散的小规模生产经营者联合起来形成统一经营群体，给农户提供从生产资料的供给、技术咨询等方面，到农业科技信息、运输销售的全过程的服务，是集科研开发、加工经营于一体，引导农民稳步进入市场经营，带动农户从事专业化生产从而实现规模效益的模式。例如临颍县围绕簇生朝天椒产业的发展，全县建成农发、绿隆等农民专业合作社、朝天椒专业协会200多个，吸收了3万户农户加入，主要集中在王岗、三家店、窝城、陈庄等乡镇。

中介组织带动的特点：

一是有利于提高农民的组织化程度。农民的组织化程度对农业产业化发展具有重要的意义，通过中介组织的链接，农户与企业之间建立稳定的关系。中介组织注重保护农户的利益，为农民提供农产品的技术、信息等服务，使农民和企业各得所需，增加双方的效益。例如清丰县科丰、清源等一批中介组织在清丰县的簇生朝天椒产业化发展中起到关键作用，将散户的种植集中起来，很大程度提高了农民种植的积极性。

二是有利于降低农户的风险。农业合作社有很强的专业性、技术性，在一定程度上可以维护农户的利益，降低农户的风险，降低单位农产品商品的销售成本，提高农民参与市场的能力，实现小生产和大市场的对接，提高农户在市场中的竞争力，减少市场风险。例如，清丰县存在较多经济合作组织带动型模式，这样的模式比较适合农业产业化的初期，能够降低农户的风险。

三是中介组织具有双重性。中介组织的双重性主要是指中介组织成为企业和农户共同的代理人。中介组织受龙头企业委托来指导农户行为，确定种植的品种和生产规模，使其能够按照企业的意愿，符合企业的生产标准。农民参加农业合作组织，主要也是委托中介组织来与龙头企业谈判和协商，并尽可能多地争取和维护自身的利益。因此，中介组织在该模式中扮演了非常重要的协调角色。但是由于中介组织的双重代理身份，有可能存在利益所掌握的企业和农户的较为充分的信息进行“寻租”的可能性，增加了合作关系的新的不稳定因素。

101. 中介组织在簇生朝天椒产业化开发中起带动作用的典型案例有哪些？

1）案例1　内黄县苏红尖椒专业合作社位于豫北革命老区的摇篮、红色沙区的核心地带——安阳市内黄县六村乡,其历史可追溯到成立于1995年的当地第一家农民合作社——六村乡红枣尖椒专业合作社。目前合作社拥有员工42名,拥有550亩高标准无公害生态种植基地1个,高效育种育苗基地1个,1 500吨大型冷库1座。

经过20多年的发展,合作社社员由原来的86户发展到现在的1 386户,种植簇生朝天椒的行政村由一个村发展到全乡22个行政村,簇生朝天椒种植面积覆盖全乡5.5万亩耕地,带动全县簇生朝天椒种植30余万亩,并辐射周边安阳、濮阳、鹤壁三市十余县。合作社目前年产年值600万元,年销售550万元,年利润20万元。

20多年来,在苏红尖椒专业合作社的带领下,六村乡尖椒市场平均年购销量4万吨以上,年产值达1.5亿元,形成了豫北规模最大的簇生朝天椒购销基地。

(1)依靠科技创新,不断推广簇生朝天椒新品种　苏红尖椒专业合作社通过与安阳市农业科学院等科研机构合作,不断培育和推广适应机械化生产、优质高产多抗的簇生朝天椒新品种,满足不同层次的市场需求。自2000年以来,合作社通过推广新品种来提高六村乡簇生朝天椒在全国市场的竞争力和影响力,成功培育多个簇生朝天椒品种在周边地区广泛推广种植。如今小小的内黄簇生朝天椒已经走向全国20多个省、市的干货市场,为全国人民贡献了火辣的内黄味道。

(2)大力发展簇生朝天椒特色种植,带领椒农脱贫致富　2015年六村乡簇生朝天椒种植喜获丰收,新一代平均亩产达到350~400千克,市场价格15.6元/千克,亩效益达6 500元,每亩增收800余元,从事簇生朝天椒种植的农户生活条件得到明显改善和提高。在苏红尖椒合作社的带领下,六村乡的簇生朝天椒经纪人由4人增加到如今的近千人;由一家簇生朝天椒购销公司发展到如今的近百家。簇生朝天椒种植使六村乡的土地生产率高于全县平均水平的20%以上,人均产值、人均利税也远高于全县平均水平。

(3)带领广大农村劳动妇女致富,解决老区农村剩余劳动力　苏红尖椒合作社为广大老区劳动女性提供簇生朝天椒分拣、包装、装卸岗位2 000余个。在苏红尖椒专业合作社的带领下,六村乡从事簇生朝天椒购销的女经纪人由1人发展壮大到如今的200余人,女性创业的簇生朝天椒加工、购销公司30余家。在六村乡簇生朝天椒市场,你会看到一个让人感叹的现象,无论是年龄上至八十的老阿婆,还是豆蔻年华的小姑娘,都能通过自己的勤劳在簇生朝天椒种植行业或其衍生行业获得收入,让广大老区农村女性既不耽误干家务,又能增收赚钱贴补家用。

(4)立足农村,服务基层,创建农村科技服务终端　苏红尖椒专业合作社立足农村工作实际,精准扶贫,帮扶各个贫困村脱贫致富。累计给贫困村破车口村、赵庄村、郭桑村发放免费簇生朝天椒种子1 000余千克。每年组织市、县农业局专家免费到田间地头直接授课4~5次,受益农户超过5 000户;每年聘请省、市农业专家免费在贫困村举办技术培训班2~3次,截至目前,先后举办40余次,培训人员达4 080人次,其中农村女性2 560人次。为了加快贫困村脱贫致富步伐,合作社与贫困村的簇生朝天椒种植农户签订合同,以高出市场价20%的价格收购他们的簇生朝天椒,有力地保障了贫困村农户的年收入。在合作社全体工作人员的努力及社会各界的帮助下,目前合作社已形成了集科研、培训、育苗、种植、销售、服务于一体的工作体系。

(5)引领簇生朝天椒产业升级,推动农产品加工业转型升级　苏红尖椒专业合作社以簇生朝天椒产业和优势产品为依托,加强簇生朝天椒加工技术创新,促进簇生朝天椒初加工、精深加工及综合利用加工协调发展,提高簇生朝天椒加工转化率和附加值。为了提升内黄簇生朝天椒的竞争力,树立内黄簇生朝天椒的品牌,合作社目前拥有注册商标"老区红",主要经营产品为免洗椒干、优质辣椒粉、免洗尖椒丝、尖椒段系列休闲食品。"老区红"系列产品均为无公害食品,取材优良,技术成熟,一经推广受到了市场的广泛好评。"老区红"系列产品的推出,拉伸了簇生朝天椒的产业链条,增加了簇生朝天椒的附加值,进一步提升了老区簇生朝天椒产业的影响力。

2)案例2　临颍县农发小辣椒农民专业合作社于2007年8月在临颍县工商局登记注册,入股资金总额122.5万元,是临颍县第一家注册成立的农民专业合作社。目前合作社社员由成立初期的88户发展到155户,其中农民社员153户,占社员总数的98.7%。合作社以产品和服务为纽带,由农民自发组织,有固定的办公场所,建成有科技示范园区,注册有"粮源农庄"、"田老大"等商标,经营状况良好,已通过农业部无公害农产品产地认定和产品认证,2012年被确立为"全国农民专业合作社示范社"。

合作社经过近几年的强势发展,规模在全市名列前茅,是"临颍县中大生物小辣椒产业化集群”河南省农业产业化集群内农民专业合作社。近几年，围绕簇生朝天椒产业的发展，突出抓好新品种、新技术引进，组装配套先进适用技术，开展全程系列化服务，在促进农业增效、农民增收方面发挥了重要作用。合作社产品科技含量高，核心竞争力强，经济效益好，发展后劲足，诚实守信，重合同，守信用，近3年无亏损，无不良贷款，“粮源农庄”牌小辣椒已成为全省乃至周边省份的知名产品，对本行业具有典型、示范和引领作用。

(1)开展技术培训　农发小辣椒农民专业合作社是漯河市、临颍县批准的新型职业农民培训基地，结合合作社的实际情况，每年聘请省内外专家多次举办簇生朝天椒高产栽培及病虫害防治技术培训，加快培育簇生朝天椒专业化生产的现代农业产业劳动者队伍。

(2)建设基地及冷链仓储　农发小辣椒农民专业合作社建立了簇生朝天椒试验示范展示田2 000亩，新品种及种子优质高产栽培技术示范基地5万亩，百亩高产示范方3个，千亩高产示范方1个，示范展示新品种20个、新技术2项；有标准化仓房4座，仓容量22 000吨，扩建冷库可储量至5 000吨，对本地干辣椒收购仓容量不足起到补充作用，缓解群众卖椒难问题。

(3)推广标准化、规模化种植　农发小辣椒农民专业合作社组织本地在簇生朝天椒生产上实行集中连片，统一布局，标准化、规模化种植，并统一技术指导，有利于提高小辣椒的产量和质量，以质取胜，靠品牌闯市场，提高市场竞争力。同时辐射带动全县及周边地区广大群众发展优质无公害簇生朝天椒生产的积极性，并带动贸易、加工等其他企业发展，拉长了产业链条，提高了簇生朝天椒产品的附加值。

(4)产业扶贫　农发小辣椒农民专业合作社立足当地簇生朝天椒优势产业，通过技术、资金等方面的扶持，积极推进贫困户种植业结构调整，以合作社所在的王岗镇为中心，对扶持对象进行建档立卡，直接安排农业人口20人，带动农户2 000户，农民6 000人；间接带动农户6万户，农民24万人，辐射带动能力明显，有力推进了簇生朝天椒产业扶贫。